# 代謝マップ ①

代謝を調節する酵素 →
可逆的な反応 ⇌
不可逆的な反応 →
Ⓐ, Ⓑ, Ⓒ はほかの代謝に関与する重要な物質

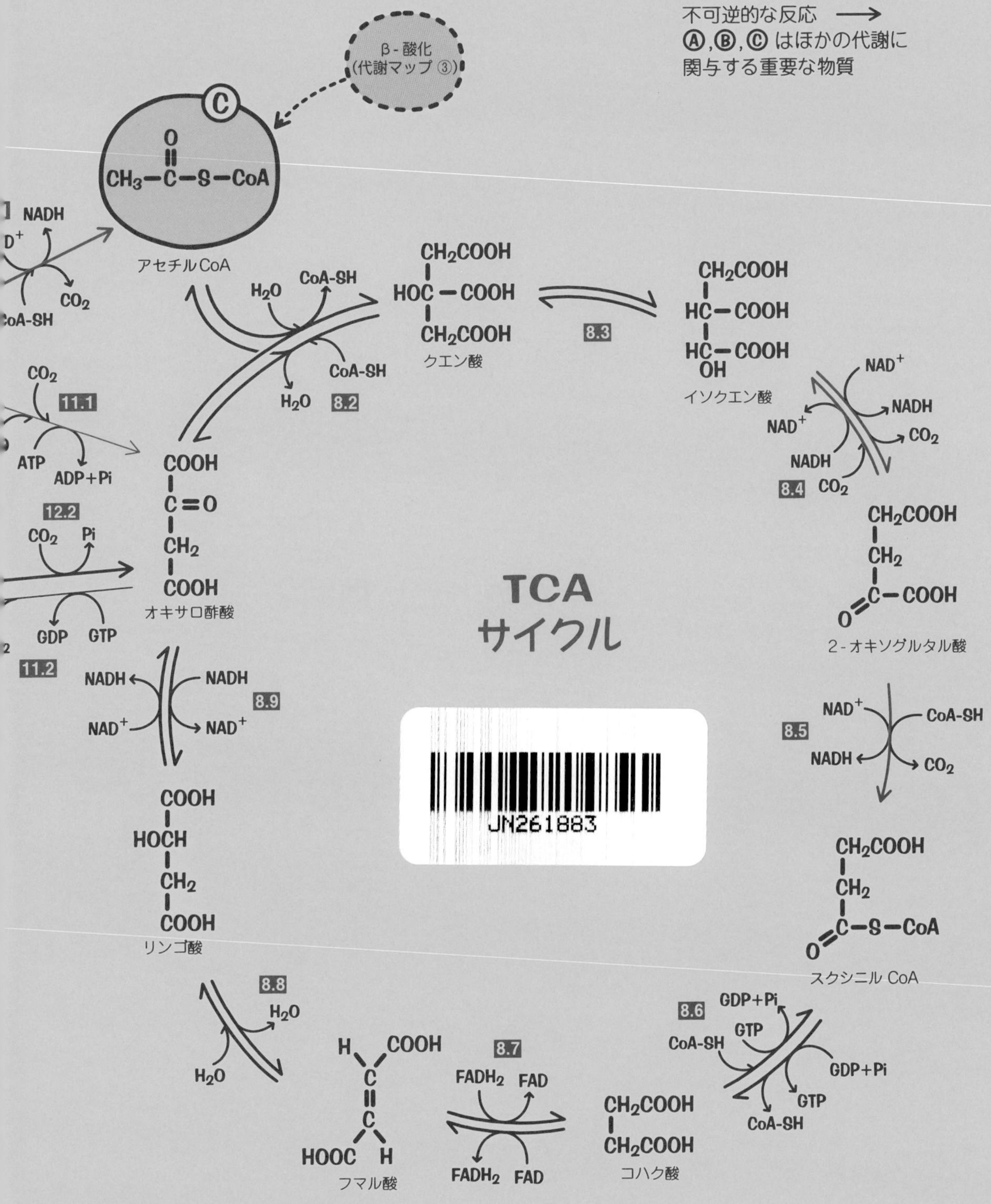

Ⓒ β-酸化（代謝マップ ③）

$CH_3-\overset{O}{\underset{\|}{C}}-S-CoA$ アセチルCoA

## TCAサイクル

クエン酸 → イソクエン酸 → 2-オキソグルタル酸 → スクシニルCoA → コハク酸 → フマル酸 → リンゴ酸 → オキサロ酢酸

反応番号: 8.2, 8.3, 8.4, 8.5, 8.6, 8.7, 8.8, 8.9, 11.1, 11.2, 12.2

JN261883

# はじめての生化学 第2版

● 生活のなぜ？を知るための基礎知識 ●

平澤栄次 著

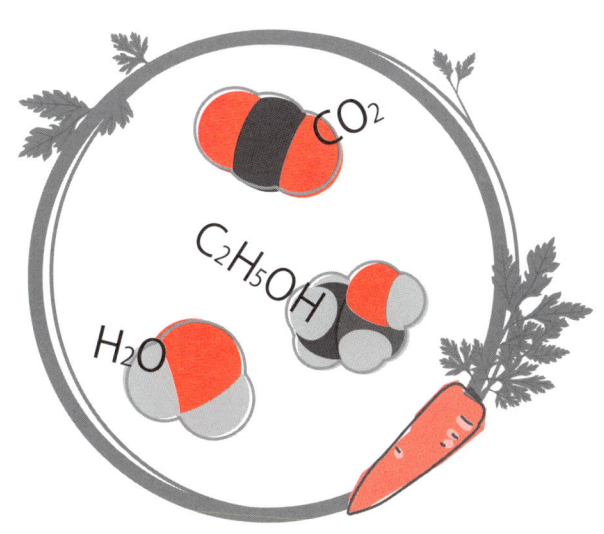

化学同人

# はじめに

　「生化学」は生命に関するさまざまな分野の学生にとってだけ重要なのではありません．理系でない人にとっても，「人は食べ物からどうやってエネルギーを得ているのか？」など，自分の身体のなかで起こっている現象のしくみを理解するのは，健康な毎日を過ごすために大切なことです．

　「生化学」を大学で学ぶ学生のなかにも，最近では高校の授業で化学や生物を選択せずに大学に入学してくる人もいます．そういった人たちに，興味をもって生化学の基礎を学んでもらうのはなかなか難しい，という声を耳にします．わたしも生化学を教える者の一人として，これまでなんとか「生化学」を楽しい授業にしたいと思ってきました．

　そして講義のなかで，学生が興味を示したところを考えてみると，それはお酒や食べ物，ダイエットなど学生の生活に身近な話を交えて，身体のなかで分子がどうなっているかを説明しているときでした．また，私が生化学の基礎のテキストを書くことになって，まずなによりも自分が楽しくないと書き進められないことに気がつきました．

　そこで，私自身も好きなお酒や食べ物の話を"コラム"として加え，これだけ読んでも，それなりに楽しく生化学の知識が身につくように工夫し，『はじめての生化学』をつくってみました．またこの本では，日本の生化学の発展に寄与した「お酒の化学」も"コラム"をたどることで学べるようにしました．

　この本は，大学や短大，専門学校ではじめて生化学を学ぶ学生が手にとることを念頭に置いてつくりましたが，生理・生化学系の専門分野に進む人にも必要な基礎生化学が身につくよう心がけました．そのため，電離・酵素反応の計算式や専門用語の解説と英単語がつけてあります．読みにくいと思われる人はとばして読んでください．

　そして今回の第2版では，初版のときとくらべて発展の著しい膜輸送やシグナル伝達など新たに多くの項目を加え，またいままでの項目の内容にも加筆をして，新

しい知識を学べるようにしました．構造式や図も，手書きの風合いを残しつつみやすくしました．

●

　昔，古代の人びとが地上に落ちている発酵した果物を食べて酔っぱらったとき，不思議な食べ物として，まさに神がつくったものと考えたに違いありません．その後，人びとは作物を栽培し，目に見えない酵母を上手につかって，穀物からお酒をつくりあげる技術を獲得しました．もちろん，酵母という生物の存在を知らない時代の人びとは，この発酵という現象をやはり神の技と考えていました．今日，酒が酵母のはたらきでできることはよく知られています．しかし，ではなぜ酵母はアルコールをつくるのでしょうか？　人は多くの生命現象をなにげなく生活のなかで役立てていますが，"発酵"には生きていくためのちゃんとした理由があるのです．この問いに答えられるようになるために，これからいっしょに生化学の門をたたいてみましょう．

2014年11月

平澤栄次

# 目 次

**Part1 生体分子の構造**

## 1章 水　　2
　　1．水分子の不思議な性質　　2　　章末問題　　9
　　2．水の電離作用と緩衝作用　　5

## 2章 炭水化物　　10
　　1．単糖類と異性体の基礎知識　　10　　4．複合脂質　　26
　　2．オリゴ糖類　　20　　5．糖暗号　　26
　　3．多糖類　　22　　章末問題　　27

## 3章 脂質　　28
　　1．アシルグリセロール　　28　　3．膜脂質　　34
　　2．ろうとリン脂質　　33　　章末問題　　37

## 4章 アミノ酸　　39
　　1．タンパク質を構成するアミノ酸　　39　　章末問題　　43
　　2．アミノ酸の化学的な性質　　42

## 5章 タンパク質・酵素　　44
　　1．タンパク質　　44　　章末問題　　52
　　2．酵素　　48

## 6章 ヌクレオチド・核酸　　54
　　1．ヌクレオチド　　54　　章末問題　　60
　　2．核酸　　59

**Part2 生体分子の代謝**

# 7章 解糖と発酵　62

1. 解糖のエネルギー消費段階　62
2. 解糖のエネルギー生成段階　66
3. 発　酵　71
4. 解糖系でできるATP　73
章末問題　73

# 8章 TCAサイクルと電子伝達系　75

1. TCAサイクル　75
2. 電子伝達系と酸化的リン酸化　81
3. ROS（活性酸素種）　85
章末問題　85

# 9章 ペントースリン酸経路　86

1. ペントースリン酸経路の各反応　86
2. ペントースリン酸経路の全体像　89
章末問題　91

# 10章 脂肪酸のβ酸化　92

1. 脂肪酸の酸化反応　92
2. 脂肪酸から得られるエネルギー　94
章末問題　95

# 11章 糖新生とグリオキシル酸経路　96

1. 糖新生　96
2. グリコーゲンの合成　99
3. 解糖と糖新生の調節　101
4. グリオキシル酸経路　102
章末問題　104

## 12章　光合成　　105

1. 明反応　105
2. 光非依存反応（暗反応）　107
3. $C_4$ 植物での光合成　109
4. CAM 植物での光合成　110
5. 光呼吸　111
章末問題　111

## 13章　脂肪酸合成　　112

1. 脂肪酸合成の各反応　112
2. 代謝の全体像　116
章末問題　116

## 14章　窒素同化とアミノ酸代謝　　117

1. 窒素固定　117
2. アンモニアの同化　118
3. アミノ酸の分解　121
4. 尿素サイクル　123
章末問題　124

## 15章　ヌクレオチド合成　　125

1. ヌクレオチド合成の各反応　125
2. ヌクレオチド合成のまとめ　128
章末問題　129

## 16章　DNA 複製とタンパク質合成　　130

1. DNA の複製　130
2. タンパク質の合成　135
3. システム生物学　140
章末問題　141

酵素名一覧　143／もっと詳しく学びたい人へ　144／章末問題の解答　145／索　引　150

### ビタミンワンポイント

ビタミン E ● 32 ／ビタミン K ● 33 ／ビタミン C（L- アスコルビン酸）● 48 ／ニコチン酸 ● 68 ／ビタミン $B_1$（チアミン）● 71 ／パントテン酸と補酵素 A（CoA）● 77 ／ビタミン様物質 リポ酸 ● 78 ／ビタミン $B_2$（リボフラビン）と FAD ● 78 ／ビオチン（biotin）● 98 ／ビタミン A ● 107 ／ビタミン $B_6$（ピリドキシン）● 120 ／葉酸 F（folic acid）● 126 ／ビタミン $B_{12}$ ● 129 ／ビタミン D ● 140

### コラム ~Column~

- お酒のできるまで ① • 4
- おいしい水 • 6
- お酒のできるまで ② • 8
- お酒のできるまで ③ • 14
- 果物は冷やすと甘くなる？ • 17
- おいしさの秘密トレハロース • 21
- お酒のできるまで ④ • 23
- お腹を掃除する食物繊維 • 24
- カニでダイエット？ キトサン • 25
- せっけんとマヨネーズ • 29
- ビタミンとは？ • 33
- マヨネーズをつくろう！ • 36
- トウガラシとワサビ • 37
- ダイエットの味方？ アスパルテーム • 45
- ゼリーはなぜ固まる？ • 47
- おいしい焼きいものつくり方 • 53
- しいたけ昆布のおいしさの理由 • 56
- 新鮮な刺身はなぜおいしい？ • 57
- ATPはエネルギーのお金？ • 63
- アタリメと $NAD^+$ • 68
- ワインのまろみはなぜできる？ • 72
- お酒のできるまで ⑤ • 74
- アルコールは高カロリー？ • 76
- 嫌酒薬 • 82
- ダイオキシンはなぜ母乳にでてしまう？ • 91
- お酒を飲んだあと，ラーメンを食べたくなるのはなぜ？ • 101
- ダイエットすると脂肪はどうなる？ • 103
- お酒だけでは太らない？ • 115
- 納豆をつくろう！ • 122
- アンモニア，尿素，尿酸 • 124
- アルコールと痛風 • 127
- DNA複製をイメージしてみると？ • 131
- PCR ～DNAの人工コピー機～ • 133
- DNAフィンガープリント法 • 134
- 一気飲みと下戸の遺伝子 • 137
- メイキング・オブ・タンパク質 • 139
- 利己的遺伝子とアサガオの花 • 142

### かいせつ

必須脂肪酸 • 30 ／脂肪酸の酸化とビタミンE • 32 ／テルペノイド • 38 ／ドーパミンはチロシンからできる • 43 ／シグナル伝達 • 58 ／アロステリック酵素 • 64 ／分子内酸化還元 • 70 ／アルコールの代謝 • 83 ／エネルギー充足率 • 93 ／クロロフィル • 106

# Part 1
# 生体分子の構造

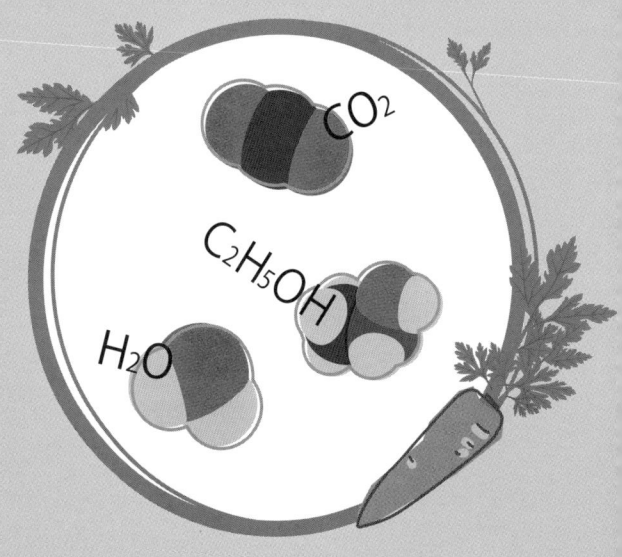

# 1章 水

## 生命の源・じつはとても変わった物質

**この章で考える なぜ?**

- なぜ，生物の体には水がたくさん含まれているのだろう？
- 水が温まりにくく冷めにくいのは，なぜだろう？
- 水がいろいろな物を溶かすことができるのは，なぜだろう？
- 血液がpHを安定させるしくみはどのようなものだろう？

## 1. 水分子の不思議な性質

ヒトの化学組成[*1]

| 成　分 | （重量%） |
|---|---|
| 水 | 60 |
| タンパク質 | 17 |
| 糖　質 | 0.5 |
| 脂　質 | 15 |
| 核　酸 | 1.2[*2] |
| 無機物 | 5 |

[*1] 本表は男性の場合．女性は水50%，脂質28%など．
[*2] 肝臓の分析による値．

生体で最も多い成分は水です．人体では60％以上が水であり，新しい細胞では80％以上にもなります．水のないところに生命はありえません．地表をおおっている水 $H_2O$ は，じつは硫化水素 $H_2S$ やアンモニア $NH_3$ のような同じ水素化合物に比べてとても変わった性質をもっています．周期表の同じ第16族元素の水素化合物である $H_2S$ と比べると，$H_2O$ の沸点は $-100°C$ になるはずなのですが，実際には $+100°C$ です．このように水の沸点が異常に高い理由は，図1-1のように水分子 $H_2O$ の酸素 O がマイナスに，水素 H がプラスに電荷を帯びているためなのです．

なぜ $H_2O$ がプラスとマイナスに分極するかは，表1-1の電子を引き

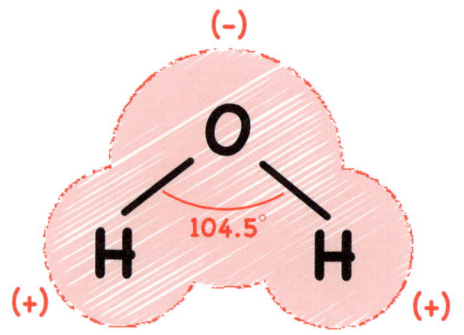

図1-1　水分子の構造

表1-1 生体に含まれるおもな分子の電気陰性度

| 炭素 C | 2.5 | 酸素 O | 3.5 | 硫黄 S | 2.5 | リン P | 2.1 |
|---|---|---|---|---|---|---|---|
| フッ素 F | 4.0 | 水素 H | 2.2 | 窒素 N | 3.0 | 塩素 Cl | 3.0 |
| ナトリウム Na | 0.9 | マグネシウム Mg | 1.2 | カルシウム Ca | 1.0 | | |

つける力, 電気陰性度をみるとわかります. 共有結合している原子の電気陰性度の差が大きいものほど, 分極が大きくなります. このため水分子は, 0℃から100℃までは図1-2のように互いに引き合ってゆるく結合し, 液体の状態になっています. この結合を水素結合(図の--)といいます. このゆるい結合のために水は次のようないろいろな変わった性質を示します.

**水素結合**
酸素, 窒素, 塩素などの電気陰性度の大きい原子 Y が, 水素と結合して分子 Y-H となり, Y は少しマイナス(−), 水素は少しプラス(+)の電気を帯びる(これを分極という). この $Y^{(-)}-H^{(+)}$ 分子の $Y^{(-)}$ と, 別の分子の $Y^{(-)}-H^{(+)}$ の $H^{(+)}$ が互いにプラスとマイナスで引き合う力(静電引力)が水素結合である. 水素結合は同種の分子だけでなく, 異種の分極した分子とのあいだでもおこる.

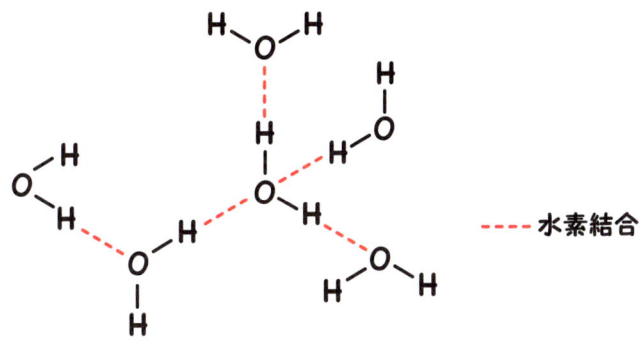

図1-2 水のなかの水分子

── 水の性質 ──
① 物をよく溶かす  ④ 疎水性物質は溶かさない
② 融点や沸点が高い  ⑤ 表面張力が大きい
③ 4℃で密度が最大  ⑥ 電離する

① 水はいろいろなものをよく溶かします. たとえば, 水と同じく水酸基 -OH をもつ糖や, プラスのナトリウムイオン $Na^+$, マイナスの塩素イオン $Cl^-$ も水によく溶けます. 細胞ではこういったさまざまな物質が水に溶けて, 分子どうしが反応できるようになっています.

② 水の融点, 沸点, 蒸発熱, 比熱, 融解熱はほかの物質に比べて高い値を示します(表1-2). つまり, 水は凍りにくいのですが, 一度凍ると溶けにくいのです. また, 温まりにくく, 冷めにくいともいえます. 蒸発熱が高いと汗などで体温を調節しやすく, また比熱が高いと急激な気温の変化に影響されにくいのです. 融解熱が大きいことも耐

**比 熱**
一定の重さの物質を一定の温度上昇させるのに必要な熱量. 水では1gを1℃上昇させるために必要な熱量.

**蒸発熱**
気化熱ともいい, 液体を蒸発(気化)させるのに必要な熱量. 気体が液体に変わるときに放出される熱量に等しい.

表1-2 水分子の化学的性質

| 物質名 | 融点(℃) | 沸点(℃) | 蒸発熱 (cal/g) | 比熱 (cal/g) | 融解熱 (cal/g) |
| --- | --- | --- | --- | --- | --- |
| $H_2O$ | 0 | 100 | 540 | 1.00 | 80 |
| エタノール | −114 | 78 | 204 | 0.58 | 25 |
| $H_2S$ | −83 | −60 | 132 | — | 17 |
| $NH_3$ | −78 | −33 | 327 | 1.12 | 84 |

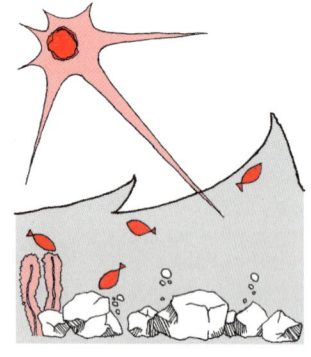

寒性のための重要な性質です．0℃の水から大量のエネルギーが失われないかぎり0℃の氷にはなりません．つまり水はとても凍りにくい液体であり，物質が多く溶けているとさらに凍りにくくなります．

③ 水の密度が4℃で最大になることも変わった性質で，このため氷は水に浮くのです．もし氷のほうが水より比重が大きい（密度が高い）と，氷は海底に沈み込んで太陽の熱がとどかず融けないので，海の生物はとても暮らしにくいでしょう．

④ 脂質やある種のアミノ酸のような疎水性物質が水に溶けないこ

---

 ## お酒のできるまで①

水の分子量(18)はエタノールの分子量(46)より小さく，分子量だけからみると水のほうが沸点が低いと思われがちですが，実際は，水分子が強く分極しているために沸点が高く，醸造されたお酒に熱を加えて揮発成分を冷やす（蒸留）と，エタノールが先に蒸留されてきます．ウイスキーや焼酎はこの方法でつくられるため蒸留酒とよばれます．

醸造酒のなかには，エタノールだけでなく発酵の過程で生成された揮発しやすいいろいろな成分も含まれています．エタノールより分子量の大きいアミルアルコールのような高級アルコール*や酢酸エチル(ethylacetate)のようなエステル化合物も蒸留されてくるため，ブランデーのような蒸留酒はいろいろな成分を含んでいます．また，醸造しただけではちょっと飲みにくい有害成分が含まれる場合（さつまいもなど）にも，有害成分が蒸留されずに残るため，まろみのある「いも焼酎」ができるのです．

\*高級アルコールとは値段や品質を示すのではなく，炭素数の多いアルコールのこと．

| 原料 | 蒸留酒 |
| --- | --- |
| ぶどう | ブランデー |
| 大麦 | ウイスキー，ウォッカ |
| トウモロコシ | バーボン |
| リュウゼツラン | テキーラ |
| 米 | 焼酎，白酒，泡盛 |
| さつまいも，麦，そば | 焼酎 |
| ヤシ | アラック |

とも，生物になくてはならない性質です．この性質がないと，細胞膜が形成できませんし，できたてのタンパク質を正しく折りたたむこともできません．

⑤ 表面張力が大きいことも水の重要な性質で，このおかげで10メートル以上の大木も根から葉に水を吸いあげることができます．

⑥ 水が電離することも生体には大切な性質です．詳しくは次節で説明します．

## 2．水の電離作用と緩衝作用

水は物質を溶かすだけでなく，弱い電解質として化学反応にいろいろな作用をしています．

**1.1**
$$H_2O \rightleftharpoons H^+ + OH^-$$

25℃ではこの反応の平衡定数($K_{eq}$)は$1.8 \times 10^{-16}$なので

**1.2**
$$K_{eq} = \frac{[H^+][OH^-]}{[H_2O]} = 1.8 \times 10^{-16}$$

と書けます．希薄溶液において，$H_2O$のモル濃度は実際は$1000/18 = 55.5\,M$であるため

**1.3**
$$[H^+][OH^-] = 1.8 \times 10^{-16} \times 55.5$$
$$= 1.0 \times 10^{-14}\,(25℃) = K_w$$

となります．$K_w$は水のイオン積と呼びます．純水では$[H^+]$と$[OH^-]$が等量存在するため$[H^+] = [OH^-] = 1 \times 10^{-7}\,M$となります．

水素イオン濃度を示す指標は

**1.4**
$$pH = \log \frac{1}{[H^+]} = -\log[H^+]$$

で示します．蒸留水では$[H^+] = 1 \times 10^{-7}\,M$でpH = 7になるはずですが，実際にpHメーターで測定するとpHは6以下を示します．これは空気中の二酸化炭素($CO_2$)が水に溶け込み

$$CO_2 + H_2O \longrightarrow H_2CO_3 \longrightarrow H^+ + HCO_3^-$$

となって$[H^+]$が$1 \times 10^{-7}\,M$より増えるためです．

それでは次に，0.1 Mの酢酸($CH_3COOH$)の25℃でのpHを求めてみましょう．酢酸の解離定数$K_a$は

---

**電解質**

ある物質を溶媒に溶かし，その溶液が電気を通すようになるとき，その物質を電解質という．電解質は溶液中でイオンに解離しているが，解離の程度（電離度）により塩化水素のような強電解質と酢酸のような弱電解質にわけられる．電解質を溶かす溶媒は，水，液体アンモニア，フッ化水素のような分子が分極している物質である．

**平衡定数**

化学反応式$aA + bB + \cdots cC + dD + \cdots$において，反応開始後，時間がたつと右辺と左辺の物質濃度は一定になり，釣り合った状態（化学平衡）になる．このとき$[A]^a[B]^b\cdots/[C]^c[D]^d\cdots = K_{eq}$（一定）となり，この$K_{eq}$を平衡定数という（$[A]$はAのモル濃度を意味する）．たとえば，窒素と水素からアンモニアを合成する反応式$N_2 + 3H_2 \to 2NH_3$では$K_{eq} = [NH_3]^2/[N_2][H_2]^3$となる．$K_{eq}$は温度や圧力で変化する．また物質が解離して平衡に達した状態では，この平衡定数を解離定数$K_a$という．

**濃度 M（モーラー）**

溶液1リットルあたりの溶質のモル数を「モル濃度(mol/L)」といい，M(Molar, モーラー)と略記することがあります．たとえば1 mMは「1ミリモーラー」と読みます．一方，溶媒1 kgあたりの溶質のモル数は「質量モル濃度」または「重量モル濃度(mol/kg)」といい，モーラー(M)と区別してモーラル(molal)と表記し，たとえば1 pmolalは「1 ピコモーラル」といいます．

**pH**

薄い水素イオンの濃度を表す指標としてpH(pはpotential指数)を用いる．pHは水素イオン指数($-\log 1/[H^+]$)の記号であり，数字が大きくなるほど$[H^+]$は小さくなり，アルカリ性になる．

**身近なものの pH**

- pH 1　トイレ用洗剤
- pH 2　レモン
- pH 3　食酢
- pH 5　しょうゆ
- pH 6　雨水
- pH 7　牛乳
- pH 9　せっけん水
- pH 13　換気扇用洗剤

$$K_a = \frac{[\text{H}^+][\text{CH}_3\text{COO}^-]}{[\text{CH}_3\text{COOH}]} = 1.8 \times 10^{-5} (25℃)$$

です．$[\text{H}^+] = x$ として

$$x^2/0.1 = 1.8 \times 10^{-5}$$
$$x^2 = 1.8 \times 10^{-6}$$
$$x = 1.3 \times 10^{-3} \text{ M}$$
$$\text{pH} = -\log(1.3 \times 10^{-3}) = 2.88 (酢っぱい)$$

この 0.1 M 酢酸水溶液（pH 2.88）に，固形の水酸化ナトリウム NaOH を 0.05 M の濃度になるように加えたときの，pH を計算してみましょう（ただし，溶液の体積は増加しないものとします）．

$$\text{CH}_3\text{COOH} + \text{NaOH} \longrightarrow \text{CH}_3\text{COO}^- + \text{Na}^+ + \text{H}_2\text{O}$$

## おいしい水

　昔から日本は水穂の国といわれ，おいしい水が豊富で，ただ同然でした．ところが最近はジュースと同じくらいの値段で水が売られています．

　おいしい水といっても人によって感じ方はさまざまで，"これこそおいしい水"という水の成分を示すことは難しいのですが，おいしい水の基準として一つには水の硬度があげられます．水の硬度とは，水に溶けているカルシウムイオン $\text{Ca}^{2+}$ とマグネシウムイオン $\text{Mg}^{2+}$ を合わせた量を，すべて $\text{CaCO}_3$ として表したものです．たとえば $\text{Mg}^{2+}$ 1 ppm(mg/L) なら，同じイオンの数の $\text{Ca}^{2+}$ では 1.65 ppm，$\text{CaCO}_3$ では 4.13 ppm になります．

　ヨーロッパでは硬水が多いため，日本人が旅先で水道水を飲むと下痢をすることがよくあります．一方，日本の水は軟水が多く，これはミネラルが適度に溶けており，有機物やアンモニアがほとんど含まれていないのでおいしく感じられます．意外なのは砂漠のオアシスの水で，数千年から数万年ものあいだ地中にとどまった水が湧きでたものなので，たいへんまずい水がほとんどです．日本でも雨が降って山麓から扇状地に流れる浅井戸の水はおいしいのですが，深層の，流れない水の硬度は高く，しかも酸素が欠乏して鉄 Fe やマンガン Mn が溶けだしてまずい水になります．

| 水の硬度（ppm CaCO₃ 当量） | |
|---|---|
| 0～72 | 非常に軟 |
| 72～143 | 軟 |
| 143～215 | 中硬 |
| 215～322 | かなり硬 |
| 322～358 | 硬 |
| 358≦ | 非常に硬 |

中和で生成した 0.05 M CH$_3$COONa は完全に CH$_3$COO$^-$ と Na$^+$ に解離します．残りの 0.05 M CH$_3$COOH はわずかに CH$_3$COO$^-$ と H$^+$ に解離しますが，[CH$_3$COO$^-$] ≒ [CH$_3$COOH] であり

$$K_a = \frac{[\text{H}^+][\text{CH}_3\text{COO}^-]}{[\text{CH}_3\text{COOH}]} = 1.8 \times 10^{-5}$$

$$[\text{H}^+] = 1.8 \times 10^{-5}$$

$$\text{pH} = -\log(1.8 \times 10^{-5}) = 4.7$$

になります．すなわち，弱酸 HA は

**1.5**
$$\text{HA} \rightleftharpoons \text{H}^+ + \text{A}^-$$

と電離するため

**1.6**
$$K_a = \frac{[\text{H}^+][\text{A}^-]}{[\text{HA}]}$$

となるので，

$$[\text{H}^+] = K_a \frac{[\text{HA}]}{[\text{A}^-]}$$

$$-\log[\text{H}^+] = -\log K_a - \log \frac{[\text{HA}]}{[\text{A}^-]}$$

**1.7**
$$\text{pH} = \text{p}K_a + \log \frac{[\text{A}^-]}{[\text{HA}]}$$

**緩衝液の温度**

緩衝液をつくる反応は中和反応なので，このとき熱が発生します．実際に pH メーターをみながら溶液を混ぜていくと，だんだんと液の温度が上がっていくのがわかります．また，緩衝液の解離定数は温度で変化するため，緩衝液をつくったときの pH といざ実験につかうときの pH が異なることもあり，要注意です．

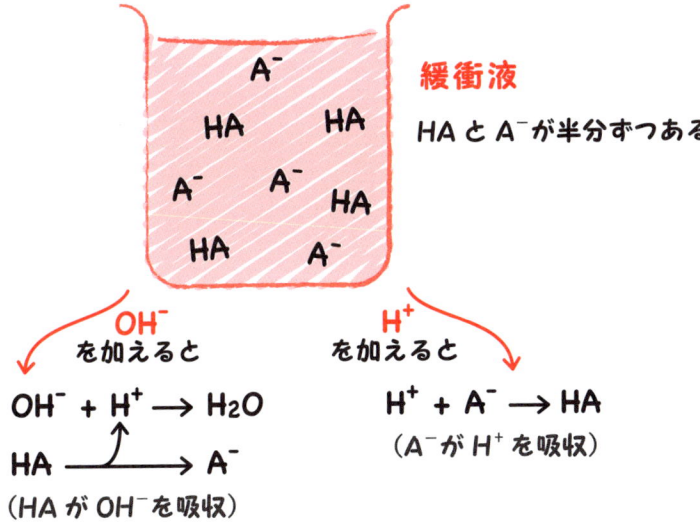

**図 1-3　緩衝作用とは？**
緩衝液に酸(H$^+$)やアルカリ(OH$^-$)を加えても pH はあまり変化しない．

となります．すなわち，[HA]と[A⁻]が同じ濃度のとき pH = p$K_a$ となり，このときの pH で HA の緩衝作用は最大となります．緩衝作用

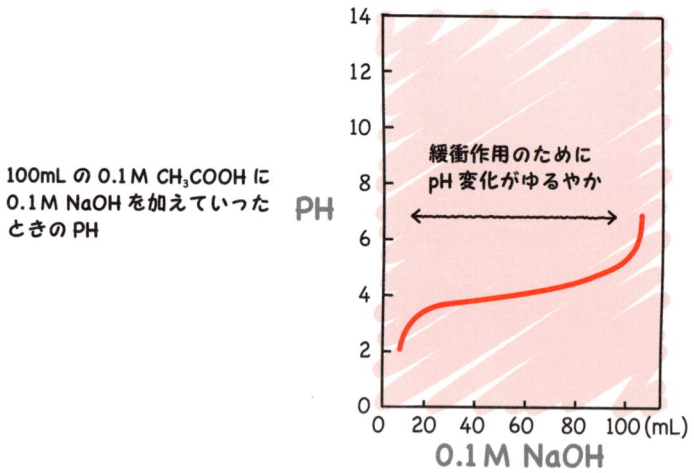

100mL の 0.1M CH₃COOH に 0.1M NaOH を加えていったときの PH

図 1-4　酢酸緩衝液の pH 変化

---

 **お酒のできるまで②**

　酒造りにとって水の性質はとても重要です．

　アルコールの原料である糖分は，水酸基をたくさんもつため極性が高く，水によく溶けます．また麹菌がつくるアミラーゼはタンパク質からできていて，やはり水によく溶け，水のなかでこそアミラーゼはよく働いてデンプンを糖に変えられるのです．また酒造りに最も大切な"仕込み"は真冬に行われますが，比熱が高い水は発酵する際にでる熱を吸収して温度の上昇を抑え，ゆっくり発酵させることができます．仕込みの温度が高いと，早沸きして気の抜けた酒になってしまいます．

　水はその分極した水分子の性質から，糖やタンパク質などの有機成分だけでなく無機イオンも溶かします．この無機イオンこそおいしい酒造りの鍵となります．神戸・灘の宮水は発酵に必要な無機成分をたっぷり含み，しかも麹などの細菌に有害である鉄分やマンガンが少ないことで知られています．酒造りの水は人が飲んでもおいしいのですが，マグネシウムやカリウムのほかにリン酸イオンを含むため，お茶には適しません．なぜマグネシウムやカリウムのほかにリン酸イオンが酒造りに大切かは 7 章の解糖経路の反応7.6から理解できます．

**日本酒の鍵は水**

有効成分　カリウム，リン，マグネシウム，カルシウム，塩素など
有害成分　鉄，マンガンなど

とは，酸やアルカリを加えても pH が変化しにくい性質のことです．このような緩衝液のイメージを図1-3で表しました．

生体内の成分では，おもに炭酸水素塩，リン酸塩，そしてタンパク質が緩衝作用を示します．

たとえば，0.1 M 酢酸に NaOH を加えた溶液は緩衝液になり，0.1 M CH$_3$COOH–NaOH 緩衝液(pH 4.7)では，CH$_3$COOH が0.05 M, CH$_3$COO$^-$ が0.05 M，Na$^+$ が0.05 M の組成となる際に緩衝能が最も高くなります．酢酸緩衝液の滴定曲線を図1-4に示しました．

## 章末問題

（1）25℃で [H$^+$] = 0.1 mol/L の溶液の[OH$^-$]はいくらか．

（2）ある酸(HA)の p$K_a$ が6であるとき，pH が4，5，6，7，8での酸(HA)と塩基(A$^-$)の比率はそれぞれいくらか．

（3）アスピリンのような薬物を吸収するには，腸の細胞膜を通過する必要がある．極性の高い分子は細胞膜をゆっくり通過し，疎水性分子は早く通過することができる．胃と小腸ではアスピリンはどちらが早く吸収されるか．ただしアスピリンの p$K_a$ は3.5である．

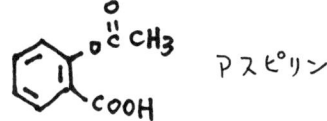
アスピリン

（4）地球上の生命にとってとくに重要と思われる水の性質をあげよ．

（5）血液や細胞質は緩衝剤となる物質を含むため，pH変化は通常あまりないが，含まれる緩衝剤の種類は異なる．それぞれの種類について述べよ．

# 2章 炭水化物

エネルギーを貯蔵し，体を構成する

### この章で考える なぜ？

- 炊いたお米に酵母をかけてもお酒にならないのは，なぜだろう？
- フルーツを冷やすと，より甘みを感じやすくなるのは，なぜだろう？
- 私たちは，なぜ食物繊維を消化できないのだろう？
- 生物はなぜ，糖をデンプンやグリコーゲンに変えて貯蔵するのだろう？

　日本酒がお米からできることはだれでも知っていますが，ふっくら炊いたご飯に酵母を加えただけではお酒にはなりません．お米の主成分は，デンプンという高分子の炭水化物です．このデンプンを低分子の炭水化物である糖に変えてから酵母を加えると，はじめてお酒ができます．デンプンはどうしたら糖になるのでしょうか．これを理解するためにまず，デンプンなどの炭水化物の構造をみてみましょう．

　炭水化物とは炭素の水和物，$C_m(H_2O)_n$ という意味です．ただしこれにあてはまらないものも多くあります．たとえば，DNA の構成成分の糖であるデオキシリボースの組成式は $C_5H_{10}O_4$ であり，あてはまりません．

　炭水化物の分類としては，①単糖類，②オリゴ糖類（少糖類），③多糖類があります．また，タンパク質と結合した場合は複合糖質といいます．

**ONE POINT**

炭水化物
- 単糖類
 （グルコース，フルクトース，グリセルアルデヒドなど）
- オリゴ糖類
 （スクロース，マルトース，キシリトールなど）
- 多糖類
 （デンプン，セルロースなど）

## 1. 単糖類と異性体の基礎知識

### 最も簡単な糖

　最も簡単な単糖はグリセルアルデヒド（glyceraldehyde）です（図2-1）．アルデヒド基（−CHO）を含む糖を一般にアルドース（aldose）といい，ケト基（>C=O）を含むものをケトース（ketose）といいます．グリセルアルデヒドはアルドースの一種で，その構造異性体として，ケトースのジヒドロキシアセトン（dihydroxyacetone）があります．

# 1. 単糖類と異性体の基礎知識

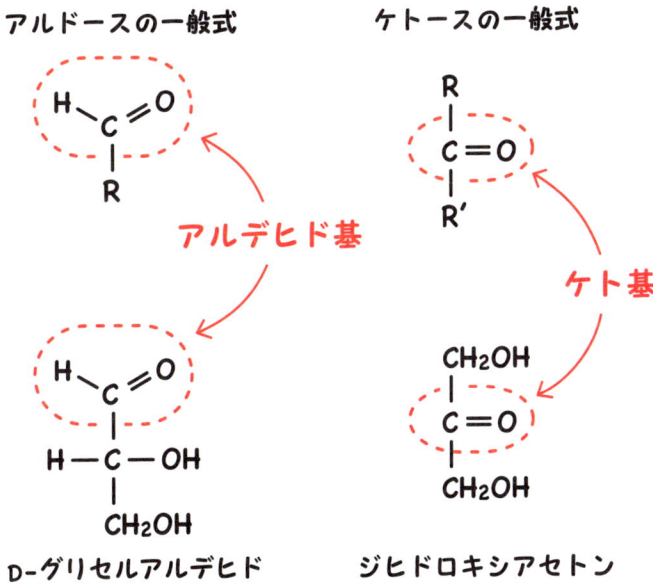

図2-1　アルドースとケトース

## グリセルアルデヒド

グリセロール(glycerol)CH₂(OH)－CH(OH)－CH₂OH はイチジク浣腸の成分であり，なめてみると甘い糖アルコールである．グリコ(glyco-, glyc-)は「甘い」という意味で，オール(-ol)はアルコール化合物(ROH)からきている．グリセロールの端の－CH₂OH が－CHO(アルデヒド基)に置き換わったものがグリセルアルデヒドである．

## ジヒドロキシアセトン

アセトン CH₃－CO－CH₃ の－CH₃ (メチル基)が－CH₂OH に置き換わったもの．－OH(水酸基:hydroxy-)が両端(2個:di-)についていることからジヒドロキシアセトンという．

## グリセルアルデヒドの立体構造

図2-2に，D-グリセルアルデヒドの立体構造を示しました．この分子では，まんなかの炭素Cを中心とした正四面体の各頂点にある共有結合の相手が全部違います．このような炭素(C)を不斉炭素またはキラル炭素(キラルはギリシャ語で"手"という意味)といいます．

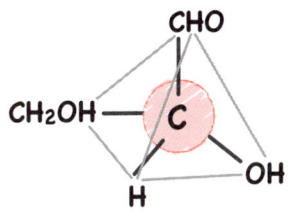

図2-2　D-グリセルアルデヒドの立体構造

### 数字を表す接頭語

1：モノ　mono-
2：ジ　di-
3：トリ　tri-
4：テトラ　tetra-
5：ペンタ　penta-
6：ヘキサ　hexa-
五炭糖はペントース
六炭糖はヘキソース

### 互異性体

有機化合物が2種類の異性体として存在し，互いに変換しうる場合，これらの異性体を互異性体(tautomer)という．たとえばアルカリ中でケトースはエノール型(－CH=COH－)を介してアルドースに変換するため，両者は互異性体である(⇒ p.64 甘味料フルクトース)．

## 鏡像異性体

図2-2に示すように，グリセルアルデヒドのアルデヒド基を上にして－CH₂OH を奥にしたとき，不斉炭素の右に水酸基(－OH)がくる場合，これを D-グリセルアルデヒドと呼びます．また，これを鏡に写

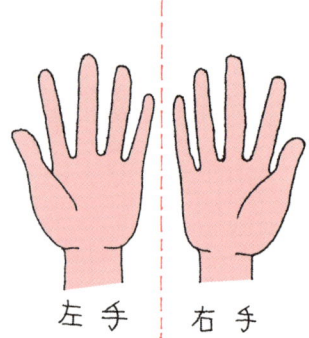

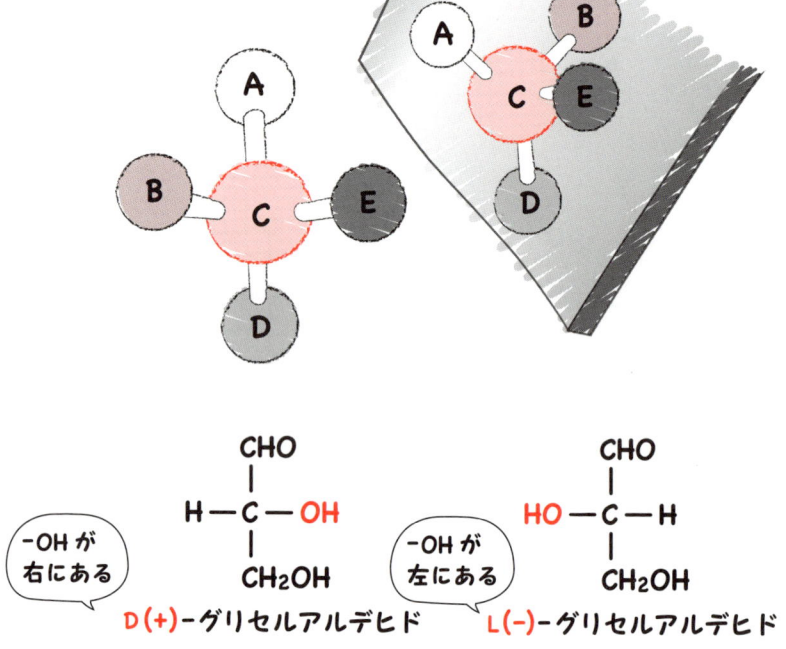

注）D/L の名称を決めた当時，グリセルアルデヒドの実際の構造は不明であった．そこで化学者は（正否が2分の1の確率であることを承知のうえで），「水酸基が右にくる構造が右旋性（dextro-rotatory）を示す」と仮定して命名を行った．その後，X線回析技術が発達して実際の構造が確かめられ，最初の仮定が（幸運にも）事実に合っていたことがわかったのである．

**図2-3 鏡像異性体**
グリセルアルデヒドはアルドースの基本構造で，特徴のあるアセトアルデヒド基（-CHO）を上にしたとき，水酸基（-OH）が右にくる場合を D(+)-グリセルアルデヒドとする．この鏡像異性体が L(-)-グリセルアルデヒドであり，水酸基は左にくる．他の糖についても，グリセルアルデヒドのこのルールに則って L と D を記載する．

した形を鏡像異性体（エナンチオマー）といい，これを L-グリセルアルデヒドと呼びます（図2-3）．エタノールやグリセロールには不斉炭素がなく，したがって鏡像異性体もありません．

図2-3の＋，－は，その鏡像異性体が右旋性（＋）であるか左旋性（－）であるかを示しています．つまり D-グリセルアルデヒド溶液は入射光の偏向面を時計方向に回転させ（右旋性：＋），他方の L-グリセルアルデヒド溶液は逆向きに回転させる（左旋性：－）性質をもっています（図2-4）．しかし，融点や溶解度などの化学的な性質はまったく同じです．

### グリセルアルデヒドの性質

| | D体 | L体 |
|---|---|---|
| 比重 $d_{18}^{18}$ | 1.455 | 1.455 |
| 融点 | 145℃ | 145℃ |
| 溶解度<br>(100 mL 水, 18℃) | 3.0 g | 3.0 g |
| 比旋光度<br>$[\alpha]_D^{25}$ | +8.7°<br>(c=2, 水) | -8.7°<br>(c=2, 水) |

水，エタノールに可溶．エーテル，ベンゼン，石油エーテルに不溶．

注）D 体の糖が常に右旋性（＋）を示し，L 体の糖が常に左旋性（－）を示すという訳ではない．

1. 単糖類と異性体の基礎知識　13

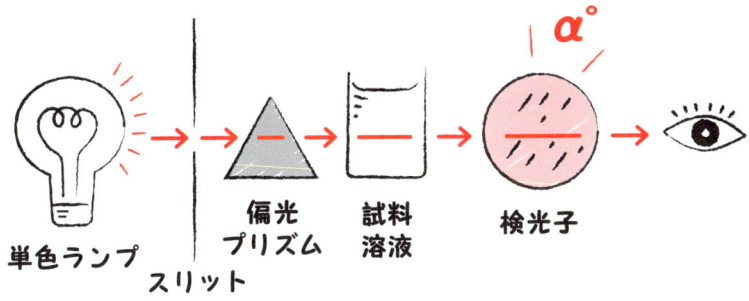

**図 2-4　物質の旋光度を測る**
偏光プリズムを通過した偏光が試料溶液を通過したとき，どの方向に何度回転したかを偏光板（検光子）で調べる．比旋光度 $[α]_D^t$ を測定するにはまず，一定濃度の試料溶液を試験管に入れる．偏光プリズムからの偏光は試料通過の際に α 度回転してでてくる．そこで，次に検光子を回転させてこの α 度を測定する．α はセルの長さ（$l$）と溶液の濃度（$c$）に正比例する．この計算式は $[α]_D^t = α_D^t/lc$ となる．D は Na 単色光（589 nm）を示し，t は測定時の温度，c は 1 g/mL の濃度を 1，試料管の長さは 10 cm を 1 として計算する．

### 立体構造を紙に書くには？

それでは，鏡像異性体の構造を表記するには，どうしたらよいのでしょうか．まず，前向きの結合は不斉炭素の横に，後ろ向きの結合は縦に記す"投影式"という方法があります．図2-5のような式を「フィッシャー投影式」といいます．また図2-5の右側に示すように前向きの結合をクサビ型（▶）で示し，後ろ向きの結合を破線（……）で書く"透視式"という方法もあります．グルコースの D 体を分子模型と投影式で示すと図2-6のようになります．L 体の投影式では，水酸基 −OH が逆になります．

**D-糖と L-アミノ酸**

天然に存在する糖のほとんどは D 体である．一方，タンパク質を構成するアミノ酸はすべて L 体である．しかし，天然にさまざまな D 体のアミノ酸が存在することも知られている．

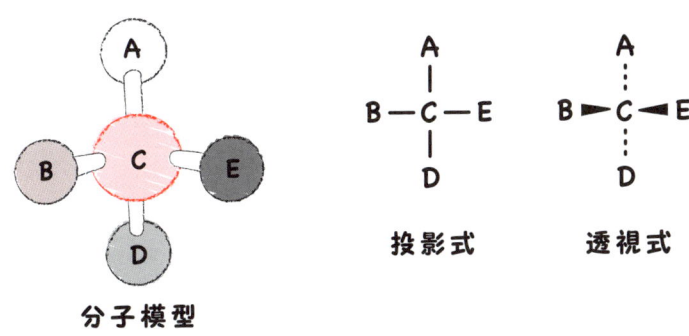

**図 2-5　鏡像異性体の表し方**
不斉炭素 C から手前に突きだしている結合部分を C の左右に書き，後方に向いた結合部分を上下に書く方法が投影式．透視式は手前に突きだした結合をクサビ型（▶）で示し，後方に向いた結合は破線（……）で示す．透視式では上下や左右では結合の向きは区別しない．

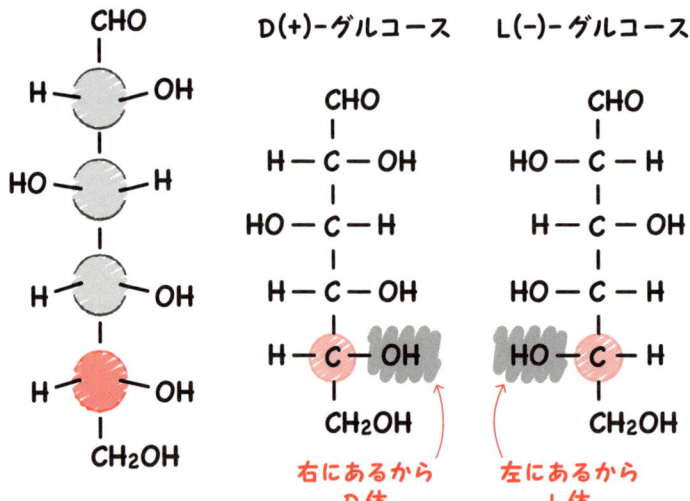

**図 2-6　グルコースの構造**
D-グルコースは D-グリセルアルデヒドと基本構造が同じで，アルデヒド基を上にすると，下から 2 番目の水酸基が右にくる．

**ラセミ化**
光学異性体の一方の型の化合物が他方の型に変化して光学活性を失うことをラセミ化といい，この反応を触媒する酵素をラセマーゼという．

### グルコースの構造異性体はいくつある？

分子中の不斉炭素の数が増すと光学異性体の数も増え，不斉炭素が $n$ 個なら異性体数は $2^n$ 個になります．図2-7にD-グリセルアルデヒドの不斉炭素が増えたときの異性体を示しました．L-グリセルアルデヒドについても同数の異性体があるので，不斉炭素が4個のアルドヘキ

---

 ## お酒のできるまで ③

ワインのようなお酒は"糖分の酒"といいます．たとえばブドウをつぶすとブドウの皮についている酵母が，ブドウ糖たっぷりのブドウの汁のなかで発酵してそのまま酒になります．

古代，ブドウの汁を瓶にとっておいてあとで飲んでみるとワインに変わっていた，というようなことからワインづくりが始まったと思われます．糖分の酒には次のようなものが知られています．

**"糖分の酒"**

| 原　料 | 酒の名前 | おもな分布域 |
|---|---|---|
| ブドウ | ワイン | ヨーロッパ |
| バナナ | バナナ酒 | アフリカ |
| 蜂蜜 | 蜂蜜酒 | 東欧，アフリカ，南米 |
| 椰子 | 椰子酒 | アフリカ，インド，東南アジア |
| リュウゼツラン | プルケ*1 | 中南米の一部，メキシコ |
| 黒糖 | ラム酒 | 南米，西インド諸島 |
| 馬乳 | ツグー*2 | モンゴル |

＊1　酵母(yeast)とは異なる発酵性細菌 *Zymomonas mobilis* が使われる．
＊2　ふつうの酒造りに使われる酵母菌の *Saccharomyces* 属とは異なる *Kluyveromyces* 属の酵母で発酵が行われる．この酵母はラクターゼ(lactase)という酵素を分泌してラクトース(乳糖)をグルコースとガラクトースに分解する．

ソースの場合，合計すると$2^4=16$種類の光学異性体ができます．図2-7では，（赤矢印で示した）不斉炭素の立体配置がD-グリセルアルデヒドと同じなので，これらはすべてD体です．またD-グルコースとD-マンノースのように不斉炭素1個についてのみ立体配置が異なるペアがあります．この両者の関係をエピマーといいますが，これはエナンチオマーではありません．D-マンノースのエナンチオマーはL-マンノースです．

### ～オース(-ose)

～オース(-ose)は糖を表す接尾語．たとえばグルコース(glucose)＝ブドウ糖，フルクトース(fructose)＝果糖，スクロース(sucrose)＝砂糖（ショ糖），ラクトース(lactose)＝乳糖，マルトース(maltose)＝麦芽糖など．

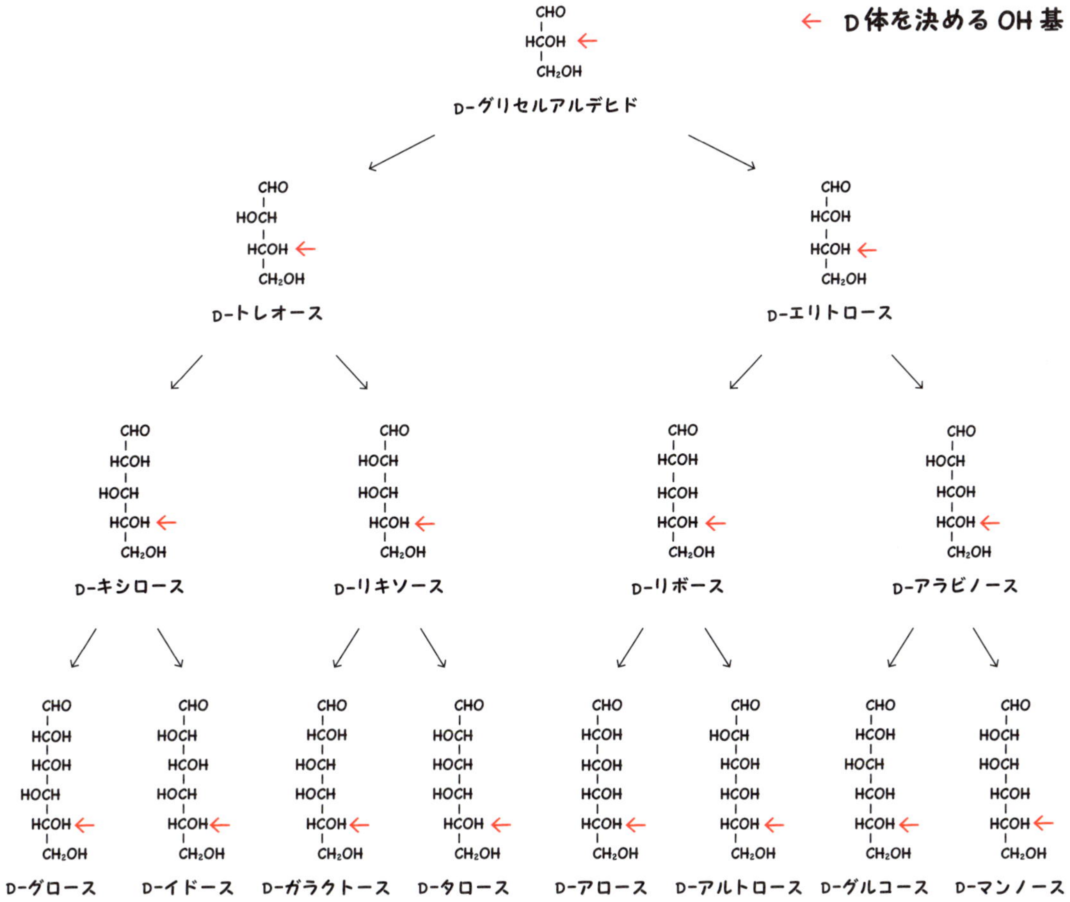

← D体を決めるOH基

図2-7　D-アルドースの光学異性体

### グルコースの閉環構造

グルコースでは，この分子を特徴づけるアルデヒド基から順に，炭素に1，2，3…（1位，2位，3位…）と番号をつけていきます（図2-8）．このような式を「ハース投影式」といいます．グルコースを水に溶かすと，水酸基とアルデヒド基が結合してヘミアセタールとなり，99％が閉環構造，残り1％は開環構造をとります．この閉環構造はピランの誘導体であるため，グルコースのことをグルコピラノースともいいます．閉環するときの1位の炭素と2位の炭素の水酸基の向きが同じ場合を $\alpha$ 型，逆向きは $\beta$ 型といい，$\beta$ 型は63％，$\alpha$ 型は36％です．$\alpha$ と $\beta$ の関係をアノマーといいます．

**アノマー**
環状ヘミアセタールはアルデヒドの炭素が不斉炭素となり，$\alpha$ と $\beta$ の2種類のジアステレオマーができる．$\alpha$ と $\beta$ の関係をアノマーという．

**図2-8 D-グルコースの環状構造**

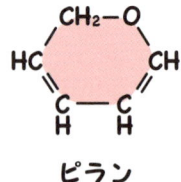

ピラン

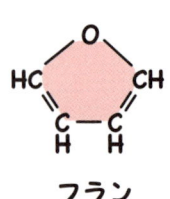

フラン

### フルクトースの閉環構造

グルコースはアルドースの一種ですが，その構造異性体でケトースの一種であるフルクトース（果糖）もグルコースと同様に環状構造をとります（図2-9）．この構造はフランの誘導体であり，フルクトフラノースとも呼ばれます．グルコースも，ピラノース型だけでなくフラノース型をとることがありますが（グルコフラノース），六員環構造ピランより不安定です．

### 最も有名なジアステレオマー

自然界には，D-フルクトースと3種類のアルドヘキソース（D-グル

1．単糖類と異性体の基礎知識 | 17

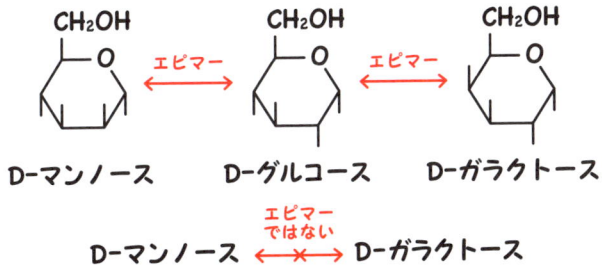

図 2-9　D-フルクトースの環状構造

コース，D-マンノース，D-ガラクトース）が特に多く存在します．これら 3 種類のアルドヘキソースは互いに立体異性体であり，ジアステ

注）糖の構造は，左の図のように略して書くこともできる．水素は枝ごと省略し，水酸基のある方に枝のみをだす．

---

### Column　果物は冷やすと甘くなる？

果物に含まれる糖であるフルクトースは，2 個の −CH₂OH の立体構造バランスから，β 型が α 型より安定であり，温度が下がるとより安定な β 型構造をとります．また果物には有機酸も含まれており，温度が下がると電離度が下がり，水素イオンが減ってさらに甘味が増します．

α-D-フルクトフラノース（甘味よわい）　⇌ あたためる　冷やす ⇌　β-D-フルクトフラノース（甘味つよい）

**立体配座**
単結合を挟んだ原子団が回転することによって，(結合の切断なしに)原子団を構成する原子の位置関係が変化する形態．環状分子では，いす形やボート形のように，安定した配座が複数存在することがある．

レオマー(diastereomer：鏡像異性体以外の立体異性体)の関係にあります．

またグルコースの環状構造にはいす形とボート形の立体配座があり，いす形のほうが安定です(図2-10)．このような表し方をコンフォメーション構造式といいます．

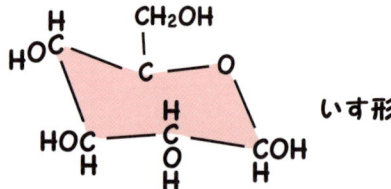

β-D-グルコース

図 2-10 いす形とボート形の立体配座

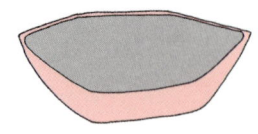

**デオキシ〜(deoxy-)**
デオキシ〜(deoxy-)は酸素がとれたことを表す接頭語．

### いろいろな役割をもつ単糖たち

これまで述べた以外の単糖類として，RNA の成分であるリボースがあります．リボースはフラン型であり，β-D-リボフラノースとも呼ばれます．また 2 位の炭素の水酸基−OH の酸素がとれて−H となったデオキシリボースは DNA の成分です(図2-11)．

β-D-リボフラノース　　2-デオキシ-D-リボース
(リボース)

図 2-11 遺伝子のなかの糖

その他に身近なところで活躍する糖の誘導体としては，グルコースの−OHがアミノ基−NH$_2$に置き換わったグルコサミン，5個の−OHがアセチル化されたペンタ-$O$-アセチルグルコース，6位の炭素がリン酸化されたフルクトース6-リン酸などがあります（図2-12）.

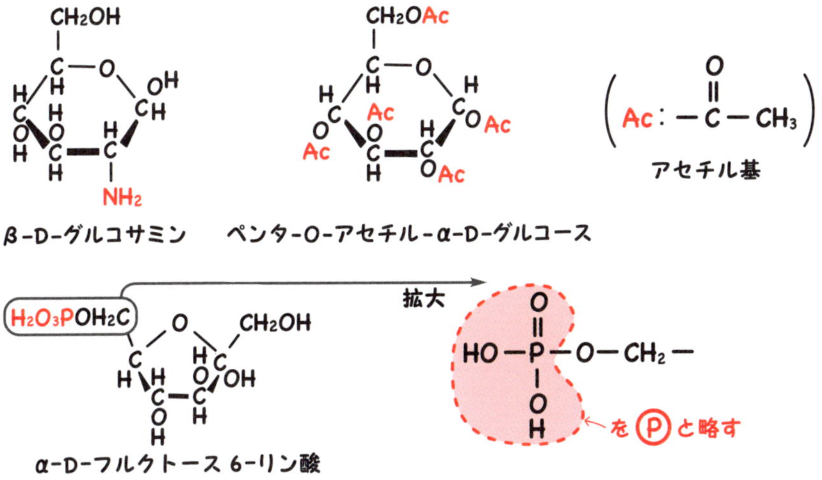

**図 2-12　いろいろな単糖類**
グルコサミンは$N$-アセチル化の形で糖タンパク質や細菌の細胞壁の成分として存在する．ペンタアセチルグルコースは人工物質で糖の有機合成に使われる．フルクトース6-リン酸は糖の代謝経路に登場する（7章参照）．

## 糖の酸化と還元

分子中のアルデヒド基やケトン基があり還元力をもつ糖を，還元糖とよびます．還元糖のアルデヒド基は還元剤としてはたらき，酸化されてカルボキシ基−COOHになります．またアルデヒド基が還元されると水酸基となり，糖は糖アルコールになります（図2-13）．

グルコースでは，1位の炭素が酸化されるとD-グルコン酸という酸になります．一方，6位の炭素が酸化されるとグルクロン酸となり，1位のアルデヒド基は還元末端のままです（図2-14）．このように，末端がカルボン酸になった糖をウロン酸といいます．

### 甘味料ソルビトール

D-グルシトールともいい，バラ科の植物に多く含まれる糖アルコールで，ショ糖の60％ほどの甘味があり，口のなかで清涼感がある．このような水酸基が多い糖は，保湿性が高いため，あんや珍味に用いられている．

### ウロン酸

グルコン酸のリン酸エステルは，糖の代謝のペントースリン酸経路にでてくる糖である（9章参照）．一方，グルクロン酸やガラクツロン酸などのウロン酸は，ヒアルロン酸やペクチンなどの多糖類の構成成分である（p.25参照）．同じグルコースの1位の炭素が酸化されてできるグルコン酸と6位の炭素が酸化されてできるグルクロン酸（図2-14）は，構造異性体の関係である．

**糖アルコール**

左側に示した糖から右の糖アルコールができる．～オール(-ol)とはアルコールであることを表す接尾語である．

- D-マンノース(mannose)→
  D-マンニトール(mannitol)
- D-グルコース(glucose)→
  D-ソルビトール(sorbitol)
- D-リボース(ribose)→
  D-リビトール(ribitol)
- D-グリセルアルデヒド
  (glyceraldehyde)→
  グリセロール(glycerol)（不斉炭素がなくなる）

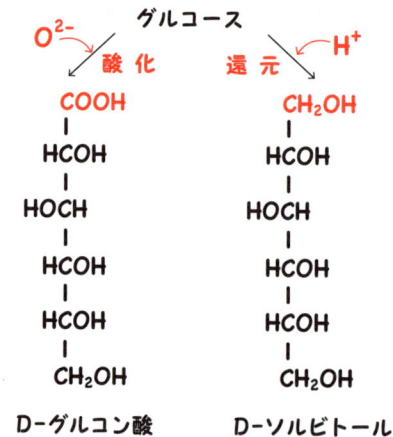

図2-13 グルコースの酸化と還元

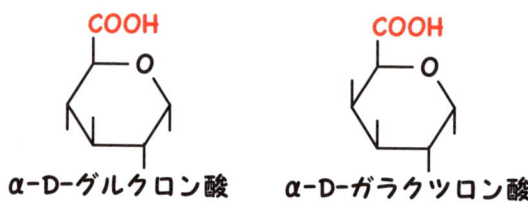

図2-14 アルドースから生じるウロン酸

## 2．オリゴ糖類

**グリコシド結合**

環状構造の糖のヘミアセタールまたはヘミケタールの水酸基の水素を，アルキル基などで置換してできる結合．α-，β-のジアステレオマーの糖との結合をそれぞれα-，β-グリコシド結合として区別する．

　天然のオリゴ糖(少糖)類の多くは，多糖類の加水分解で生じる単糖の2分子がグリコシド結合した二糖類です．二糖類としては，デンプンがアミラーゼの作用を受けて生じるマルトース(麦芽糖)をはじめ，セルロースが加水分解されて生じるセロビオース，母乳に含まれるラクトース(乳糖)，デンプンを加水分解してできるイソマルトースなど

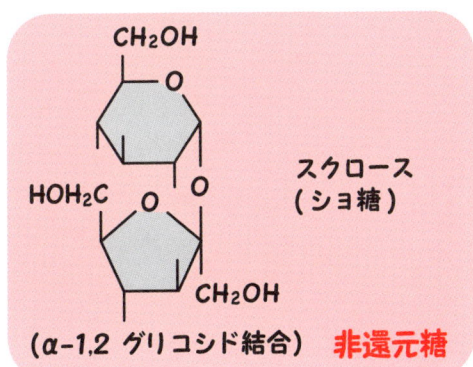

図 2-15　いろいろな二糖類の構造
このなかでスクロースだけが非還元糖である．

があり，これらの二糖類はすべて還元糖です（図2-15）．しかし，スクロース（ショ糖）はグルコースの還元基である1位の炭素とフルクトースの還元基である2位の炭素が互いに結合しており非還元糖です（図2-15）．スクロースは，アノマー性の水酸基をもつマルトースに比べ

▶還元糖（p. 19～20参照）
分子中にアルデヒド基をもち還元力のある糖．

## おいしさの秘密トレハロース

　トレハロースは2分子のD-グルコースがα,α-1,1グリコシド結合した非還元糖の二糖です．カビや酵母などに広く分布し，また，昆虫の体液中には主要な血糖として多量に存在しています．最近，デンプンから酵素的に大量生産できるようになり，普及しています．砂糖より軽い，さわやかな甘みをもち，またデンプンの老化やタンパク質の変性を抑える性質があるため，現在ではお菓子や冷凍食品などさまざまな加工食品に含まれています．

α,α-トレハロース

注）動物の肝臓や筋肉のエネルギー貯蔵の役割をもつグリコーゲンもアミロペクチンと同じ構造ですが、より多く枝わかれしています。

て酸化されにくいため、植物の光合成の同化産物の貯蔵や移動に都合がよく、このため植物に多く含まれています。

## 3. 多糖類

グルコースが多量に結合した多糖類としては、植物の貯蔵デンプンや動物のグリコーゲン（11章参照）があります。デンプンは、アミロース（図2-16）とアミロペクチン（図2-17）からなります。もち米では含まれるデンプンのほぼ100%がアミロペクチンであり、一方、うるち米はアミロースが20〜25%含まれています。アミロースはグルコースが$\alpha$-1,4グリコシド結合でつながった分子です。この結合がねじれているためグルコースの鎖はらせん状になり、らせん構造の内部にヨウ素$I_2$が入ると青色になります。これがヨウ素デンプン反応として知られている現象です。

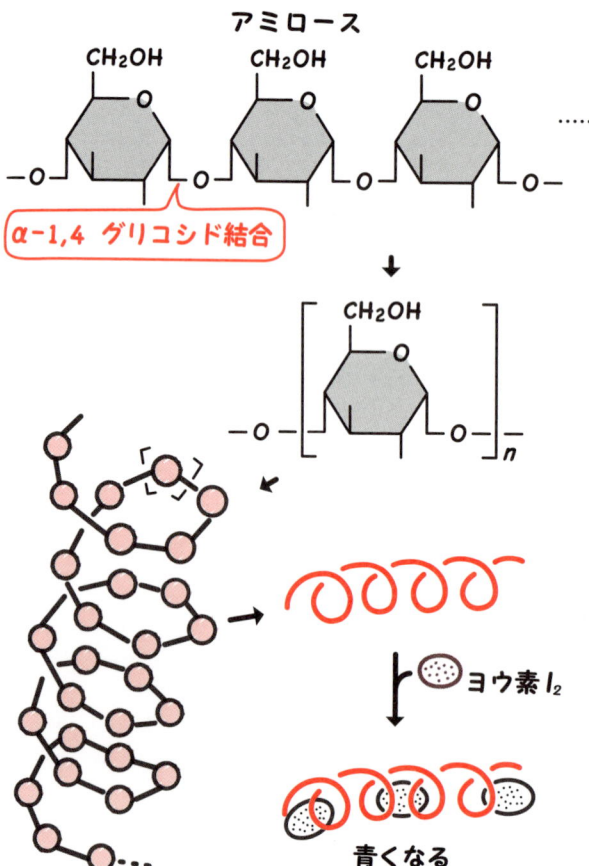

**図 2-16 アミロース**
アミロースには枝分かれがなく、分子全体がらせん状になる。

## 3. 多糖類

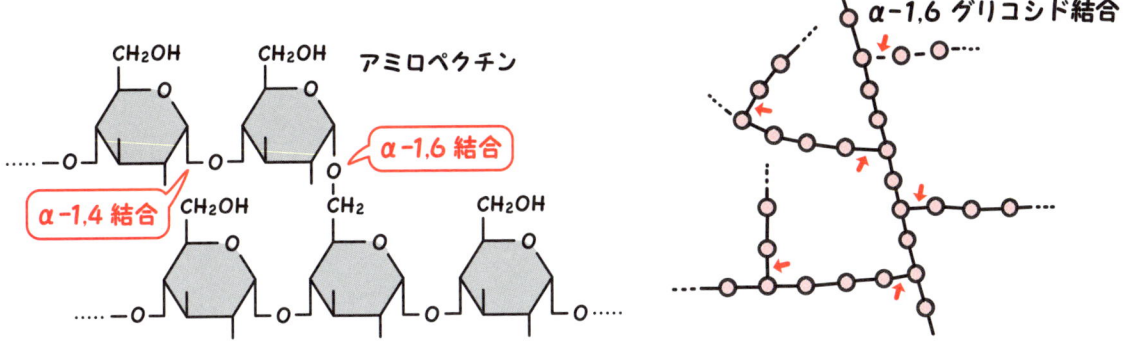

図 2-17　アミロペクチン
アミロペクチンはところどころで α-1,6 グリコシド結合を形成して枝分かれする.

---

 ## お酒のできるまで ④

米や大麦のような穀類を原料とする酒は，ワインのように簡単には酒になってくれません．"デンプンの酒"として知られる日本酒やビールは，デンプンを糖に変える工夫が必要で，デンプン加水分解酵素すなわちアミラーゼと呼ばれる酵素がそのはたらきをしてくれます．日本酒では，麹に大量のアミラーゼが含まれています．生米は，まず蒸して糊化（デンプンのα化といいます）し，アミラーゼがデンプンにとりついてはたらきやすくします．お米を炊くのもα化です．生デンプン中のグルコースのポリマーのじゅず玉構造を毛糸にたとえると，しっかり巻いた毛糸玉が生デンプンであり，ほぐれた毛糸は糊化デンプンで，水をたっぷり吸収しています．

### さまざまな"デンプンの酒"

| 原料 | 糖にする方法 | 酒の名前 | おもな分布域 |
|---|---|---|---|
| 米 | 唾液 | 口噛み酒 | 古代日本など |
| うるち米 | 麹 | 日本酒 | 日本 |
| もち米 | 麹 | 黄酒 | 中国 |
| トウモロコシ | 唾液 | チチャ | 中南米（ペルー南部高地） |
| 大麦 | 麦芽* | ビール | 北西ヨーロッパ |

*乾燥した大麦種子にはアミラーゼはほとんどないが，発芽したばかりの麦芽の糊粉層（種皮の内皮層でタンパク質を多く含む）から大量のアミラーゼが分泌されている．発芽させてすぐに熱処理で種子を殺すが，アミラーゼは熱に強く生きている．このため，大麦麦芽のデンプンを糖に変えることができる．

### 甘味料 D-キシロース（木糖）

木材などに含まれる多糖類キシランを加水分解してつくる．甘味はショ糖（砂糖）の約40％．微生物に利用されにくいので食品の保存にも役立つ．

植物繊維の主成分であるセルロースは，β-1,4結合でつながっているため直鎖状の構造となります．

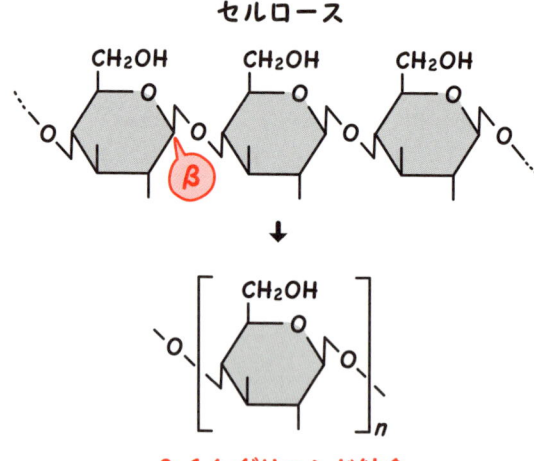

多糖類はほかにもいろいろあり，細胞外被や目のガラス体などの成分であるヒアルロン酸や，藻類に含まれるアガロース，果実中のペクチンもその一種です（図2-18）．食品分析表で示される炭水化物の量には，デンプンや糖に加えてセルロースやアガロース（いわゆる食物繊維）も含まれます．

---

**Column**

## お腹を掃除する食物繊維

カタツムリはセルラーゼという酵素を分泌し，セルロースを分解して栄養源としています．ヒトはこの酵素をもっていないのでセルロースをエネルギー源にはできません．しかし食物繊維は，腸のなかの老廃物を運び去り，便として排出させるので食物成分として重要な役割をもっています．また，カロリーがないためダイエット食品としてもよく使われています．

紙を食べるヤギは，セルラーゼを腸から分泌しているわけではなく，胃や腸に細菌や原生動物が住みついていて，これらがセルラーゼを分泌しています．そのためセルロースをエネルギー源として利用することができるのです．これは一種の共生として知られています．

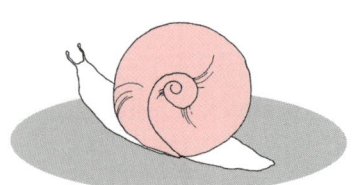

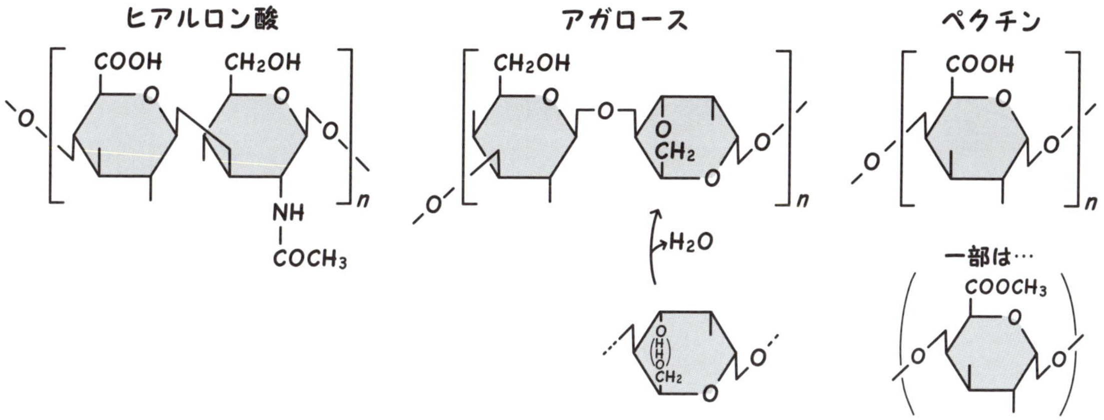

**図 2-18　いろいろな多糖類**

**ヒアルロン酸**：D-グルクロン酸が N-アセチルグルコサミンと β-1,3 結合および β-1,4 結合で交互につながったもの．粘性が高く，関節で潤滑剤としてはたらいている．

**アガロース**：D-ガラクトースと 3,6-アンヒドロ-L-ガラクトースが β-1,4 と α-1,3 結合で交互につながったもの．3,6-アンヒドロ- とは C3 位の -OH と C6 位の -OH が脱水（anhydro-）してエステル結合していることを表す．寒天の主成分であり，ビーズ状に成形したアガロースゲルはカラムクロマトグラフィーの担体として用いられている．

**ペクチン**：D-ガラクツロン酸が α-1,4 結合したもの（ペクチン酸）のうち，-COOH の一部がメチル化されている．レモンの皮など果物の細胞に多く含まれる．ジャムやゼリーの粘性の主体になっている．

---

## カニでダイエット？　キトサン

キトサンは，ダイエット食品に使われています．カニの固い外皮はキチンと呼ばれる多糖類でできており，これは N-アセチルグルコサミンが β-1,4 結合したものです．このキチンを濃アルカリ処理し，脱アセチル化したものがキトサンです．キトサンは腸では消化できないため，ダイエット食品として注目されています．

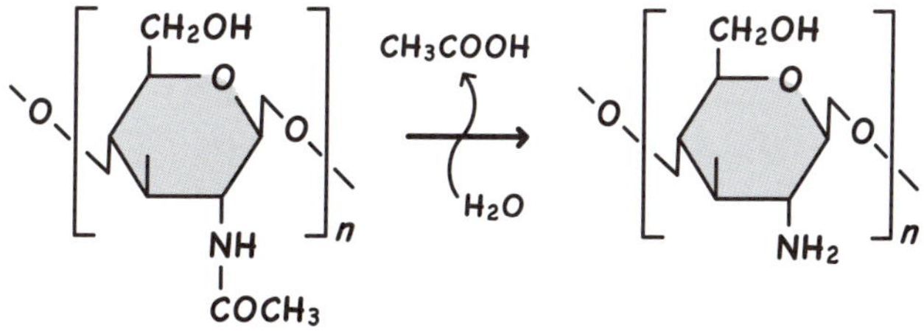

**キチン** → **キトサン**

## 4．複合糖質

　糖質-タンパク質または脂質の複合体は「複合糖質」とよばれ，① プロテオグリカン，② 糖タンパク質，③ 糖脂質に分けられます．

　プロテオグリカンは糖質が95％を占め，ヒアルロン酸のようなグリコサミノグリカン鎖がタンパク質につながったものです．そして細胞外マトリクスにあるコラーゲンなどの繊維状タンパク質と相互に重なり合って，組織に強度と保水性を与えます．

　糖タンパク質は糖質が共有結合したタンパク質であり，タンパク質中のアスパラギンへの $N$ 結合，あるいはセリンまたはトレオニンへの $O$ 結合で糖が結合しています．糖は全体の1％から85％以上とさまざまで，その機能もまた多様です．酵素などのタンパク質の安定化や，糖暗号のような複雑な機能をもつものが知られています．

　糖脂質は分子内に糖鎖と脂溶性基の両方を含み，脂溶性基がアシル基やアルキルグリセロールか，セラミド（$N$-アシルスフィンゴシン）であるかによってグリセロ糖脂質とスフィンゴ糖脂質に分けられます．

## 5．糖 暗 号

　糖複合体中の糖鎖の配置には，さまざまな情報が蓄えられています．各種の生物，組織，細胞でつくられる糖鎖の全セットをグライコーム（glycome）といい，糖鎖が生物の情報分子として働くことから，糖暗号とよばれます．そして，この糖鎖構造を網羅的に解析する分野をグライコミクス（glycomics）といいます．糖鎖の構造解析には質量分析法などが用いられます．

　アミノ酸残基をつなぐ直鎖状のペプチド結合に比べて，単糖をつなぐグリコシド結合はかなり多様です．そのためオリゴ糖の可能な組み合わせ数は，同じ数のペプチドで考えられるよりもかなり大きくなります．たとえば，20種類の単糖からつくることが可能な六単糖の総数は，$1.44 \times 10^{15}$ にもなります．加えて，ペプチド鎖に比べて糖鎖は柔軟性が低く構造がカッチリしており，タンパク質の鍵穴構造に挿し込まれる鍵に適しています．生物的認識に働くオリゴ糖の役割を図2-19に示しました．

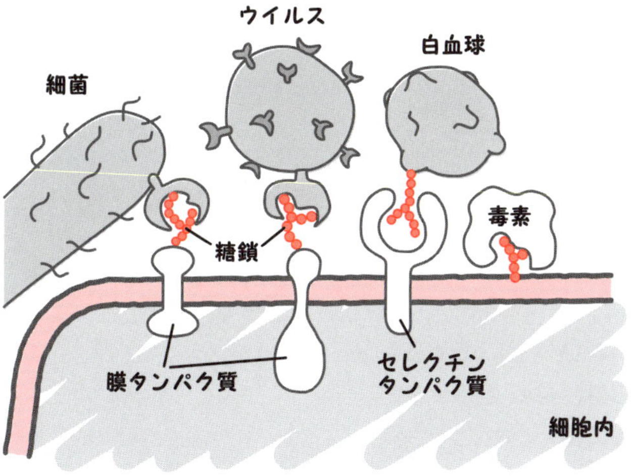

### 図2-19 糖鎖の生物的認識

細菌やウイルスは，細胞表面のオリゴ糖（糖鎖）と結合することで感染する．また，糖鎖認識は白血球が傷ついた細胞をみつける際にも役立っている．細胞表面の糖鎖に結合することで毒性を発揮するような毒素もある．

## 章末問題

（1）エタノールにはなぜ鏡像異性体が存在しないか，説明せよ．

（2）D-グルコースの $\alpha$ アノマーと $\beta$ アノマーの比旋光度 $[\alpha]_D$ はそれぞれ $+112°$ と $+18.7°$ である．ここで $[\alpha]_D$ とは，長さ10 cmの1 g/mL試料溶液中を進むナトリウムランプDスペクトルの光(585 nm)を測定したときの旋光度である．D-グルコースを水に溶かしたときの比旋光度は52.7°であった．$\alpha$ アノマーと $\beta$ アノマーは平衡に達していて，しかも開環型グルコースは無視できるものとしたとき，$\alpha$ アノマーと $\beta$ アノマーの割合はいくらか．

（3）以下に示す糖のグループの関係は，アノマー，エピマー，アルドース・ケトースのどれか．
  (a) D-グルコースと D-ガラクトース
  (b) $\alpha$-D-グルコースと $\beta$-D-グルコース
  (c) D-リボースと D-リブロース
  (d) D-グリセルアルデヒドとジヒドロキシアセトン
  (e) D-マンノースと D-グルコース
  (f) D-グルコースと D-フルクトース

（4）砂糖（スクロース）は果物の保存によく使われる．同じ糖でもブドウ糖が使われないのはなぜか．

（5）インベルターゼという酵素は，スクロースの加水分解を触媒してD-グルコースとD-フルクトースの等モル混合液になる．この加水分解の過程で溶液の旋光性は（＋）から（－）に変化するが，このことは何を意味するのか．

（6）組織に含まれるプロテオグリカンは水和した粘性のあるゲルである．このゲルが組織中の細胞にとって重要である理由は何か．

# 3章 脂質

## 脂質
### 高エネルギーの貯蔵庫，体を乾燥から守る

**この章で考える なぜ？**

- なぜ，私たちは脂肪を食べないといけないのだろう？
- 細胞の膜が脂質でできているのは，なぜだろう？
- 牛乳やマヨネーズが白く見えるのは，なぜだろう？
- なぜサラダ油は液体で，バターやラードは固体なのだろう？

脂質は水に溶けにくく，有機溶媒に溶けやすい疎水性化合物です．また常温で液体の脂質を"油"，固体を"脂肪"として便宜的にわけて呼んでいます．脂質とはいろいろな化合物の総称ですが，① アシルグリセロール，② ろう，③ リン脂質などがよく知られています．

### 1. アシルグリセロール

まず，脂質の基礎として，グリセロールの構造について説明しておきましょう．生体内にあるグリセロールリン酸の構造を図3-1に示します．糖のときに学んだ命名法に従うと，これはL-グリセロール3-リン酸と命名できますが，同一の立体構造をもった化合物をD-グリセロール1-リン酸と呼ぶこともできます．つまりいままでの命名法では，

**トリアシルグリセロール**
1分子のグリセロールに3分子の脂肪酸がエステル結合したもので，中性脂肪の一つである．

**中性脂肪**
中性脂肪は，その名のとおり，弱酸性の脂肪酸がエステルにより中和され中性である．動物では脂肪細胞内のほとんどがこの中性脂肪の油滴で占められ，エネルギー貯蔵や断熱の役割をもつ．

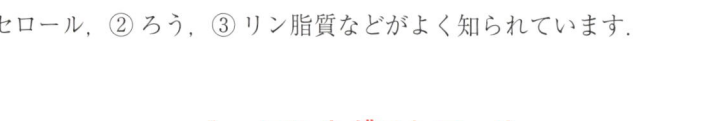

**ONE POINT**

**動物の体と脂肪**
切りだした霜降り肉では脂肪が固まった白い塊で見えますが，生きている体のなかでは透明な液体で存在しています．アザラシが冷たい氷の海で生きられるのは脂肪の断熱効果により守られているからです．ヒトは動植物の脂肪を膵臓リパーゼにより脂肪酸に加水分解して腸内で吸収しています．

L-グリセロール3-リン酸 → sn-グリセロール3-リン酸

D-グリセロール1-リン酸

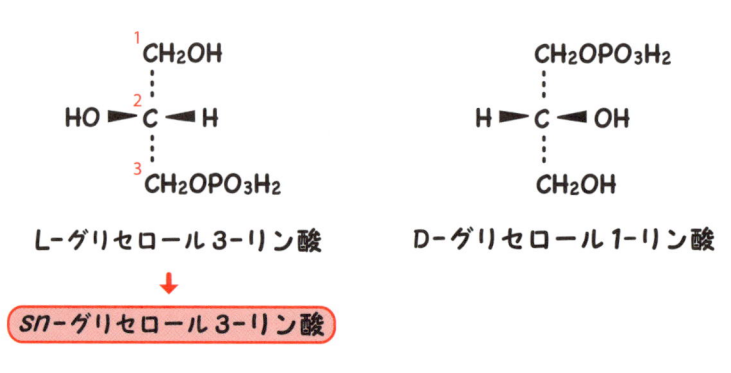

図3-1 リン脂質の命名法

一つの化合物に2通りの名称がつくことになってしまいます．そこで第2級OH基が炭素鎖の左側にくるように置いたグリセロールの炭素を上から1位，2位，3位とする立体特異性番号（$sn$：stereospecific numbering）を採用して，$sn$-グリセロール3-リン酸と呼びます．

トリアシルグリセロールとは，脂肪酸とグリセロールがエステル結合した化合物です．逆にトリアシルグリセロールをアルカリで加水分解（けん化）するとグリセロールと脂肪酸の塩ができます．これがせっけんです．

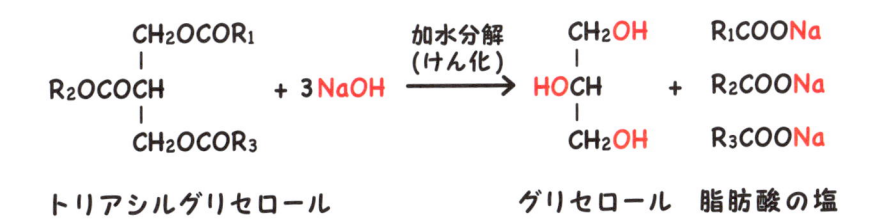

$$\begin{array}{c} CH_2OCOR_1 \\ | \\ R_2OCOCH \\ | \\ CH_2OCOR_3 \end{array} + 3NaOH \xrightarrow{\text{加水分解（けん化）}} \begin{array}{c} CH_2OH \\ | \\ HOCH \\ | \\ CH_2OH \end{array} + \begin{array}{c} R_1COONa \\ R_2COONa \\ R_3COONa \end{array}$$

トリアシルグリセロール　　　　　　グリセロール　脂肪酸の塩

---

## Column　せっけんとマヨネーズ

せっけんの成分である脂肪酸の塩は両親媒性であるため，油の分子を包みこんで油よごれを落とします．マヨネーズも同じ原理で，卵黄に多く含まれるリン脂質やリポタンパク質[*1]という両親媒性の物質が油を包みこんでいます．これらのコロイド粒子[*2]はゲル化し，エマルジョンとなっています．脂質が透明なのにマヨネーズが白く見えるのは，このコロイド粒子が光を散乱させるためです．牛乳や霧が白く見えるのも同じ理由です．牛乳では，脂肪分が水中で乳化されてコロイド粒子となり，液状のゾル状態になっています．

[*1] リポタンパク質は脂質とタンパク質との複合体で，細胞膜の成分であり，乳や血しょうにも含まれている．
[*2] コロイド粒子：溶けないものどうしのうち一方が1〜100 μmの粒子の状態であるとき，この粒子をコロイド粒子という．コロイド粒子が運動できにくい状態をゲルといい，運動できる状態をゾルという．また液体中にコロイドが分散している状態をエマルジョンといい，この状態をつくりだすことを乳化という．

両親媒性

$H_3C$〜〜〜〜〜〜$COOH$
　　非極性　　　　極性

脂肪酸

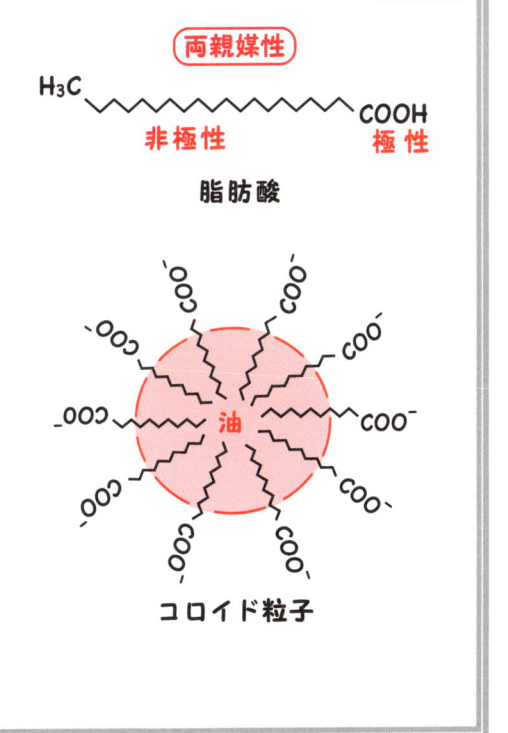

コロイド粒子

脂肪酸には一般に飽和脂肪酸と不飽和脂肪酸があります（表3-1）．不飽和脂肪酸は二重結合を含むため，シス（$cis$-），トランス（$trans$-）の構造異性体があります．図3-2に脂肪酸の構造をまとめました．また不飽和脂肪酸であるステアリン酸，オレイン酸，リノール酸の立体構造を図3-3に示しました．

植物油は二重結合をもつ不飽和脂肪酸が多いため室温で液状となり，動物性の脂肪は飽和脂肪酸が多く固形になります．

### 表3-1　おもな脂肪酸

| 名称 | 構造 | 炭素数 | 融点（℃） | 二重結合の数 |
|---|---|---|---|---|
| 酢酸 | $CH_3COOH$ | 2 | 17 | 0 |
| **飽和脂肪酸** | | | | |
| ラウリン酸 | $CH_3(CH_2)_{10}COOH$ | 12 | 44 | 0 |
| ミリスチン酸 | $CH_3(CH_2)_{12}COOH$ | 14 | 52 | 0 |
| パルミチン酸 | $CH_3(CH_2)_{14}COOH$ | 16 | 63 | 0 |
| ステアリン酸 | $CH_3(CH_2)_{16}COOH$ | 18 | 70 | 0 |
| **不飽和脂肪酸** | | | | |
| オレイン酸 | $CH_3(CH_2)_7CH \stackrel{cis}{=} CH(CH_2)_7COOH$ | 18 | 13 | 1 |
| リノール酸 | $CH_3(CH_2)_4(CH \stackrel{cis}{=} CHCH_2)_2(CH_2)_6COOH$ | 18 | −9 | 2 |
| γ-リノレン酸 | $CH_3(CH_2)_4(CH \stackrel{cis}{=} CHCH_2)_3(CH_2)_3COOH$ | 18 | −17 | 3 |

**飽和脂肪酸**
多くの脂質に共通な成分である脂肪酸は，ふつう偶数個の炭素からなる．脂肪酸は表3-1に示したもの以外にも多くの種類があり，炭素数が多くなるほど融点が高くなる．パルミチン酸（palmitic acid）はヤシ（palm）油から分離命名された．ステアリン酸（stearic acid：脂肪の酸という意味）とともに天然飽和脂肪酸として自然界に最も多く見られる．

---

### かいせつ

## 必須脂肪酸

植物に多く含まれる不飽和脂肪酸であるリノール酸とα-リノレン酸はヒトが体内で合成できないため，植物から摂取する必要があります．このような脂肪酸は必須脂肪酸として知られています．その他の生体に必要な脂肪酸をヒトは体内でリノール酸から合成することができます．たとえばγ-リノレン酸をリノール酸からつくることができます．

$$\text{リノール酸} \xrightarrow{-2H} \gamma\text{-リノレン酸}$$
$$18:2(9, 12) \qquad 18:3(6, 9, 12)$$

＊脂肪酸名の下のm：n(x, y)の数字は脂肪酸の構造を表す．18：2とは炭素数18個の脂肪酸で，そのうち二重結合が2個あることを意味する．(9, 12)とは−COOHを1位の炭素としたとき，9位と12位に二重結合があるという意味である．二重結合はとくにことわらないときは $cis$ だが，$trans$ が入ると18：3(6t, 9t, 12c)のように表す．またリノール酸は(18：2 ω-6)と表すこともある．ω（オメガ）は，脂肪酸の末端メチル基の炭素から数えて最初に二重結合となる炭素の意味である．リノール酸とその誘導体のγ-リノレン酸(18：3 ω-6)，アラキドン酸(20：4 ω-6)，ドコサペンタエン酸(22：5 ω-6)をω6脂肪酸という．一方，α-リノレン酸(18：3 ω-3)とその誘導体のエイコサペンタエン酸(20：5 ω-3)，ドコサヘキサエン酸(22：6 ω-3)をω3脂肪酸という．

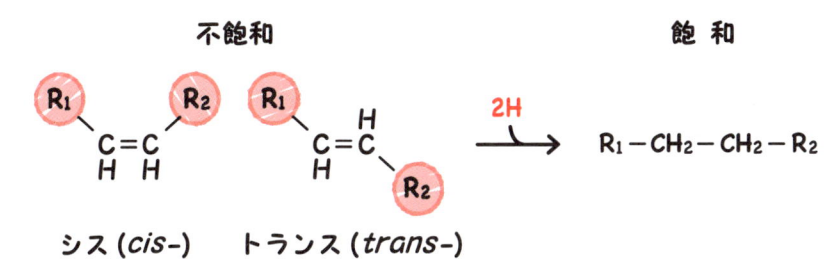

**図 3-2　脂肪酸の立体異性体構造と飽和反応**

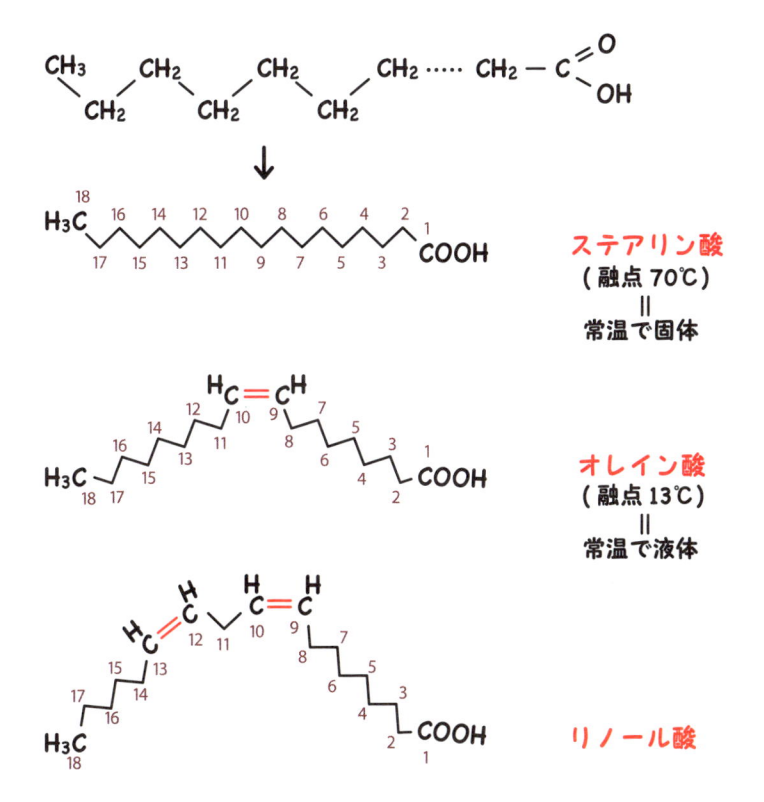

**図 3-3　おもな不飽和脂肪酸の構造**

同じ炭素数をもつ不飽和脂肪酸を比較すると，二重結合が多くなるほど融点が低くなる．低温環境に生きる動植物の脂質を構成する脂肪酸に，不飽和脂肪酸が多いのはこのためである．天然に最も多い不飽和脂肪酸として，二重結合が一つのオレイン酸，二つのリノール酸，三つのリノレン酸がある．

## ONE POINT

**食用油と酸化**

リノール酸を多く含む大豆油は天ぷらに使われるが，加熱のときに酸化される．植物油のなかでは，1価の不飽和脂肪酸であるオレイン酸を多く含んだオリーブ油が菜種油より酸化されにくい．

> **かいせつ**

## 脂肪酸の酸化とビタミンE

脂肪酸の酸化は，非共役二重結合系($-CH_2-CH=CH-CH_2-CH=CH-CH_2-$)の脂肪酸と共役二重結合系($-CH_2-CH=CH-CH=CH-CH=CH-CH_2-$)の脂肪酸とでは反応が異なります．たとえば，共役二重結合系不飽和脂肪酸を含む桐油は，重合，固化します．一方，非共役二重結合系のリノール酸は二重結合のあいだにメチレン基($-CH_2-$)があり，この1,4-ペンタジエン系(LH)は鉄や銅を含む化合物で攻撃されてフリーラジカル(L・)を生じ，次に酸素と反応して酸化化合物(LOO・)となり，最終的にヒドロペルオキシド(LOOH)となります．中間産物LOO・はLHのヒドロペルオキシド化の触媒となり，連鎖反応的に酸化が進行します．

ビタミンEのα-トコフェロールは連鎖反応を起こすLOO・を還元してLOOHにし，連鎖反応を停止させるはたらきがあります．

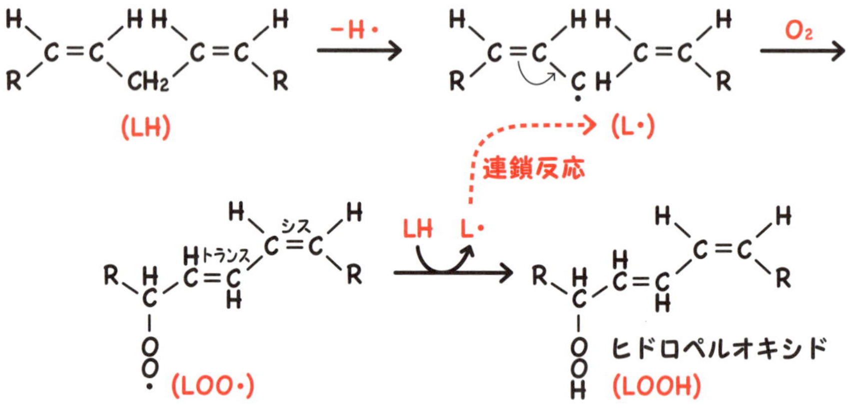

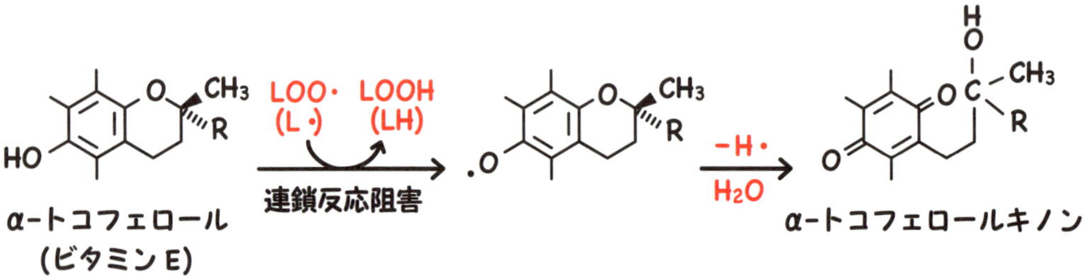

### ビタミンE

ビタミンEの欠乏症として，ネズミでは子どもができなくなることが知られています．ヒトでは，その抗酸化作用から老化を防ぐと考えられていますが，摂り過ぎに注意が必要なビタミンです．

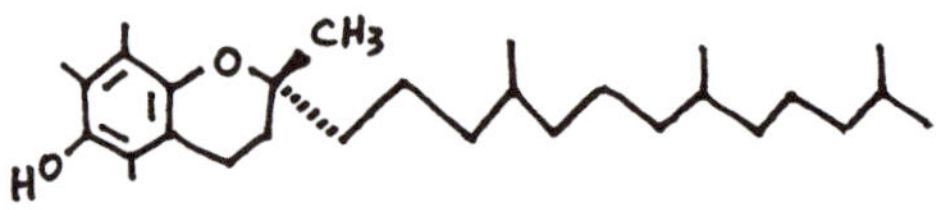

**VITAMIN ONE POINT**

ビタミンE (α-トコフェロール)

## 2. ろうとリン脂質

　ろうは植物の葉の表面をおおうクチクラ層の成分で，水の蒸散を防いでいます．昆虫の分泌する蜜ろうも，鳥の羽毛もろうでできています．ろうは，長鎖脂肪酸と長鎖アルコールとのエステルです(図3-4)．

　リン脂質(ホスホリピド：phospholipid)は細胞膜の成分で，リン酸，脂肪酸，窒素塩基を含み，極性基(親水基)と非極性基(親油基)をあわせもつため両親媒性を示す物質です．一般的に知られるレシチン，ケファリン，セファリンの構造を表3-2に示しました．

$$\underset{}{R-\overset{O}{\underset{\|}{C}}-O-R'} \qquad R: C_{17} \sim C_{20} \\ R': C_{18} \sim C_{30}$$

**図3-4** ろうの構造

**レシチン**
動物，植物，酵母などに広く分布し，ほ乳類では全リン脂質の30％から50％を占める代表的なリン脂質．生体膜の主要成分である．

---

**Column　ビタミンとは？**

　生体内で必要な量を合成できない有機の(炭素を含む)微量栄養素をビタミン(vitamin)といい，これが欠乏するといろいろな病気をひきおこします．ビタミンには油に溶けやすいビタミンA, D, E, Kと，水に溶けやすいビタミンB群($B_1$, $B_2$, $B_6$, $B_{12}$, ニコチン酸，パントテン酸，葉酸，ビオチン)とCがあり，これら13種類が正式にビタミンと認められています．このほかにビタミン様物質としてリポ酸などがありますが，とくに食品からとる必要はないとされています．

　いままでに多くのビタミンが報告されてきましたが，あとで同じ物質であることがわかったり，動物実験では必要と認められてもヒトでは生体内で合成できることが明らかになったため，アルファベットがとびとびになっています．ビタミンKはアルファベットがかなり離れています．これはこのビタミンが血液の凝固に関係するため，ドイツ語(Koagulationsvitamin：凝固ビタミン)の頭文字をとったからです．

**ビタミンK**
ビタミンKは，血液凝固因子の生合成に必要であり，通常は腸内細菌で合成されるので欠乏症にはなりませんが，抗生物質を常用したり，油性ビタミンのため胆汁の異常などで脂質の吸収が妨げられると欠乏症となり，血液凝固時間が長くなることがあります．

**VITAMIN ONEPOINT**

ビタミンK（フィロキノン）

表 3-2 リン脂質

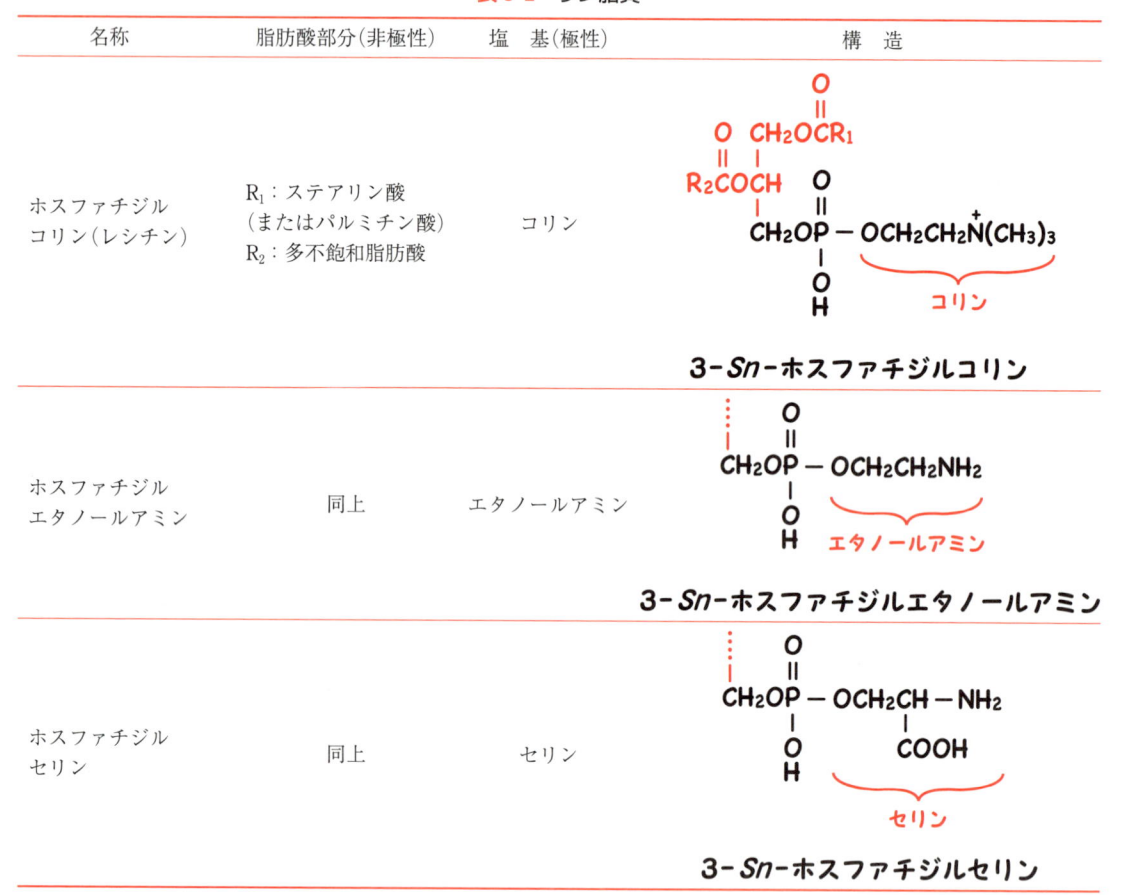

| 名称 | 脂肪酸部分(非極性) | 塩基(極性) | 構造 |
|---|---|---|---|
| ホスファチジルコリン(レシチン) | $R_1$：ステアリン酸（またはパルミチン酸）<br>$R_2$：多不飽和脂肪酸 | コリン | $\begin{array}{c}\text{O}\quad CH_2OCR_1\\R_2COCH\\CH_2OP-OCH_2CH_2\overset{+}{N}(CH_3)_3\\OH\end{array}$ コリン<br>3-Sn-ホスファチジルコリン |
| ホスファチジルエタノールアミン | 同上 | エタノールアミン | $CH_2OP-OCH_2CH_2NH_2$ エタノールアミン<br>3-Sn-ホスファチジルエタノールアミン |
| ホスファチジルセリン | 同上 | セリン | $CH_2OP-OCH_2CH-NH_2$ <br>$\quad\quad\quad\quad\quad\quad COOH$ セリン<br>3-Sn-ホスファチジルセリン |

## 3. 膜脂質

### 膜輸送

　本来，脂質二重層はイオンや極性物質を通さないため，これらを通すには特別な輸送体が必要です．膜を横ぎる輸送は，エネルギーを必要としない受動輸送と，エネルギーを使って濃度勾配に逆らって物質を通過させる能動輸送に分けられます．

　受動輸送には，単純輸送と促進輸送があります．単純輸送は，個々の溶質が分子運動に突き動かされて膜をはさんで高濃度域から低濃度域に移動します．促進輸送を担うタンパク質には，チャネルタイプのものと，担体とよばれるものがあります．チャネルは溶質を特異的に輸送します．チャネルには開閉蓋が付いており，特異的な信号で開閉が調節されます．たとえば，「アセチルコリン受容複合体」の $Na^+$

チャネルでは，チャネルにアセチルコリンが結合すると $Na^+$ が細胞内に流れ込み，そこが局所的に脱分極することで近くの電位依存性 $Na^+$ チャネルも開いて刺激が伝わります．一方，担体輸送では特定の溶質が担体と結合することによって担体の構造が変化し，その結果，濃度勾配に従って溶質が膜を通過することができます．この例としては，赤血球の細胞膜のグルコース輸送体がよく知られています．

能動輸送には，一次輸送と二次輸送があり，一次輸送では ATP が使われます．$Na^+$，$Ka^+$ ポンプやプロトンポンプがよく知られており，輸送時に ATP が使われることから，ポンプでなく ATP アーゼ（たとえば $Na^+$，$Ka^+$-ATP アーゼ）ともよばれます．二次輸送では，一次輸送で生じた濃度勾配を使って別の物質の輸送が行われます．たとえば腎臓の尿細管細胞では $Na^+$，$Ka^+$ ポンプで生みだされた $Na^+$ イオン勾配を利用してグルコースの濃度勾配に逆らった輸送が行われます（図3-5）．

### 膜受容体

膜受容体は，細胞をとりまく環境の変化を察知して応答するために欠くことのできない機能体です．多細胞系では，ホルモンや神経伝達物質のような化学物質が膜受容体に結合することが，細胞内部への情報伝達のスタートとなります．他にも細胞間認識や接着にかかわるなど，受容体の機能は多様です．さきほど紹介したアセチルコリン受容体以外では，細胞の脂質取り込みに関与する低密度リポタンパク

**ONE POINT**

**タンパク質の水和**

水溶液中の溶質分子のまわりに水分子が引きつけられる現象を水和といいます．たとえばナトリウムイオン $Na^+$ に比べてカリウムイオン $K^+$ の水和の範囲（水和半径）は小さく，$K^+$ は水から離れてタンパク質の表面上の負電荷（$-COO^-$）とイオン対を形成しやすいイオンです．そのため細胞膜をはさんだ陽イオンの受動拡散後の分布は不均等になり，タンパク質を含む細胞内の $Na^+$ 濃度は 10 mM 程度なのに，$K^+$ は160 mM にもなります．

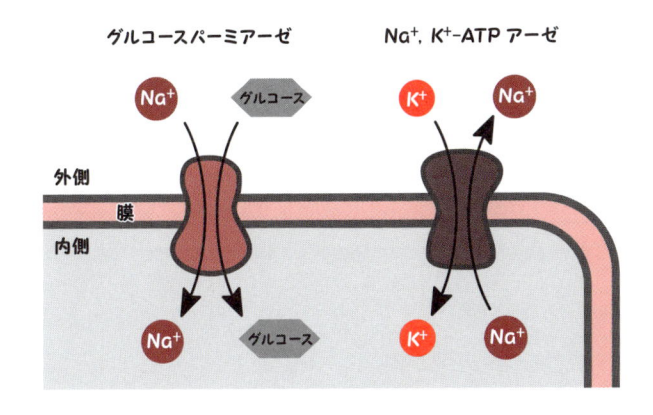

**図 3-5 $Na^+$，$K^+$ ポンプとグルコースの輸送**
$Na^+$，$K^+$ ポンプによって生みだされた $Na^+$ イオン勾配を利用して，細胞内にグルコースが輸送される．

## Column マヨネーズをつくろう！

　何度もつかった天ぷら油と違い，酸化されていないリノール酸を含むマヨネーズは栄養的にもすぐれた食品です．しかし，市販のマヨネーズは手づくりに比べると味がいまいちです．マヨネーズは思ったより簡単にできるし，いろんなバリエーションが楽しめます．油はヒマワリ油，卵は新鮮な地鶏卵，お酢はレモンにして，塩は天然の甘塩なんて，聞いただけでも楽しくなります．一人暮しの学生さんのためのつくりかたです．

　用意するもの：コップ（1カップのお酒用），割り箸，スプーン（小さじ），植物油（約150 cc），卵1個，酢，食塩，こしょう（なくてもよい）

① 卵を割って黄身だけをコップに入れます．白身は別にとっておきます．
② 油をスプーンに1杯（小さじ1＝5 cc）だけ入れ，割り箸で黄身と油が混ざるまでよくかき混ぜます（乳化）．
③ さらに油を小さじ1杯だけ入れてよくかき混ぜます（ここで黄身のリポタンパク質が油を包みこんでコロイド粒子となりゲル化してきます．ここで油をどっと入れると，ゲルがゾル化して失敗します．一度ゾルになるといくらかき混ぜてもゲルにはもどりませんので，コップを別に用意して①から繰り返します．ただし油の代わりに失敗した黄身と油のゾルを使います）．これを繰り返し，ゲルが固めになってきたら，油は小さじ2杯ずつ入れても大丈夫です．
④ コップに3分の1程度の固いゲルができたら，酢小さじ3杯，塩小さじ3分の2杯，こしょう少々を加えてよくかき混ぜます．酢と塩はお好みにあわせて入れてください．
⑤ 次に植物油を一度に小さじ3杯加えてかき混ぜます．これを繰り返します．④の固いゲルになれば，多めに油を入れても大丈夫ですし，酢を入れるとさらにゾルにもどりにくくなります．
⑥ コップに8分目ほどの量になればできあがり．①の白身を小さじ2杯程度加えて混ぜると，ソフトなマヨネーズに仕上がります．

（LDL）受容体もよく知られています．LDLがLDL受容体に結合すると，LDL受容体の周辺域が陥入して細胞内に取り込まれ，細胞内で受容体からLDLが外れると受容体はまた膜の表面に戻されます．

## Column: トウガラシとワサビ

　トウガラシの辛み成分は，カプサイシンという化合物です．これは構造式からも明らかなように疎水性化合物で，油に溶けやすい性質を示します．トウガラシを植物油につけておくとカプサイシンが溶けだして，ラー油となります．不揮発性のため，炒めものに適しています．

　一方，ワサビの辛みはアリルイソチオシアネートという揮発性の化合物です．ワサビは細胞内ではシニグリンという糖と結合した「配糖体」と呼ばれるかたちで含まれていて，配糖体のままでは辛みがありません．すりおろしたときに，チオグルコシダーゼ（ミロシナーゼ）と呼ばれる酵素が糖との結合を加水分解してはじめて辛み成分が生成されます．そのため，ワサビはなるべく目の細かいおろし金でおろして，しばらくおいて加水分解が進んでから用いるとよく辛みの効いたおいしいワサビになります．

**カプサイシン**

**アリルイソチオシアネート**: $CH_2=CH-CH_2N=C=S$

## 章末問題

(1) 料理に用いられる食用油のいくつかは室温で空気にさらしておくと容易に変質してしまう．これはなぜか．

(2) 同じ炭素数でも飽和脂肪酸のほうが不飽和脂肪酸より融点が高いのはなぜか．

(3) 日常の食事に含まれる水溶性ビタミンは，毎日一定量を摂取しなければならないが，脂溶性ビタミンについてはそうでもない．これはなぜか．

(4) 貯蔵脂肪は，不飽和脂肪酸の割合が比較的高いことが知られている．このことは細胞にとってどのような利点があるのか．

(5) 血漿リポタンパク質のタンパク質部分はどのような役割をもつか．

(6) 植物にとって，カリウムは多量必須元素であるが，ナトリウムは必須ではない．進化の点でなぜそのような選択になったと思われるか．

## かいせつ

### テルペノイド

　テルペノイドは非常に多くの化合物を含む重要な脂質であり、簡単なイソプレン単位が重合してできます．テルペノイドには$\beta$-カロテン(p.106参照)などのカロテノイドや、コレステロールなどのステロイドが含まれます．イソプレン単位は生体内には存在せず、メバロン酸から生じるイソペンテニル二リン酸を経て合成されます．

　メバロン酸(火落ち酸)は、酒造りの際に繁殖して酒をだめにしてしまう火落ち菌(p.74参照)の生育に必要な因子として見いだされました．$\beta$-カロテンもコレステロールもイソプレン単位で構成されています．メバロン酸はHMGサイクル(p.103)を経てHMGを還元するHMGレダクターゼで合成されます．コレステロール値を下げる薬スタチンはこの酵素を阻害します．

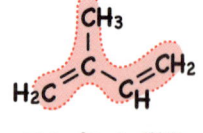

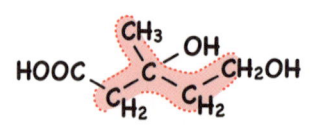

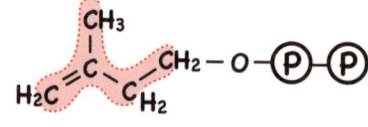

イソプレン単位　　　　メバロン酸　　　　イソペンテニル二リン酸

---

　コレステロールは動物の細胞膜などの膜成分としてとくに脳神経細胞や副腎などの臓器に多く含まれます．また胆汁のコール酸、性腺ホルモンや副腎皮質ホルモンなどのステロイドホルモン、ビタミンD(p.140参照)の前駆体となる重要な脂質です．

コレステロール　　　　コール酸

# 4章 アミノ酸
### タンパク質の多様さは20種類のアミノ酸から

> **この章で考える なぜ？**
> - アミノ酸が数十万種類ものタンパク質をつくりだすしくみとは？
> - 「必須アミノ酸」を食事からとらなければいけないのは，なぜだろう？
> - アミノ酸が水によく溶けるのは，なぜだろう？

## 1. タンパク質を構成するアミノ酸

アミノ酸は，アミノ基（$-NH_2$，塩基性）とカルボキシ基（$-COOH$，酸性）の両方を分子中に含む化合物です（図4-1）．アミノ酸はキラルな分子ですが，糖のL型，D型のルールとは少し異なります．アミノ酸の場合は，カルボキシ基を上にしたとき，アミノ基が右にくるものをD型，左にくるものをL型とします．タンパク質を構成するアミノ酸はすべてL型アミノ酸です．

アミノ酸はタンパク質の構成成分で，20種類のアミノ酸がさまざまな組合せで結合してポリマーとなったものがタンパク質です．デンプンの成分アミロースはグルコースのポリマーですが，$\alpha$-1,4グルコシド結合したグルコースが100個つながったものは1種類しかありません．ところが20種類のアミノ酸100個がポリマーになった場合，アミ

**ONE POINT**

**キラリティ**

図形や物体において，その鏡像と重ね合わすことができない性質をキラリティといい，その性質をもつものをキラルといいます．L-アミノ酸のポリペプチドを分解する酵素ペプチダーゼは，D-アミノ酸からなる合成ポリペプチドを加水分解できません．

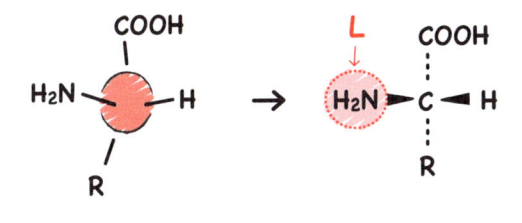

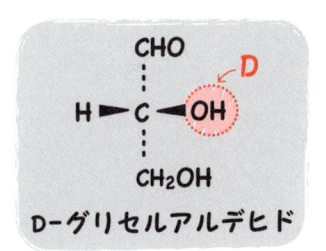

**図4-1 アミノ酸の基本構造**
Rはアミノ酸の種類ごとに異なる側鎖を表す．

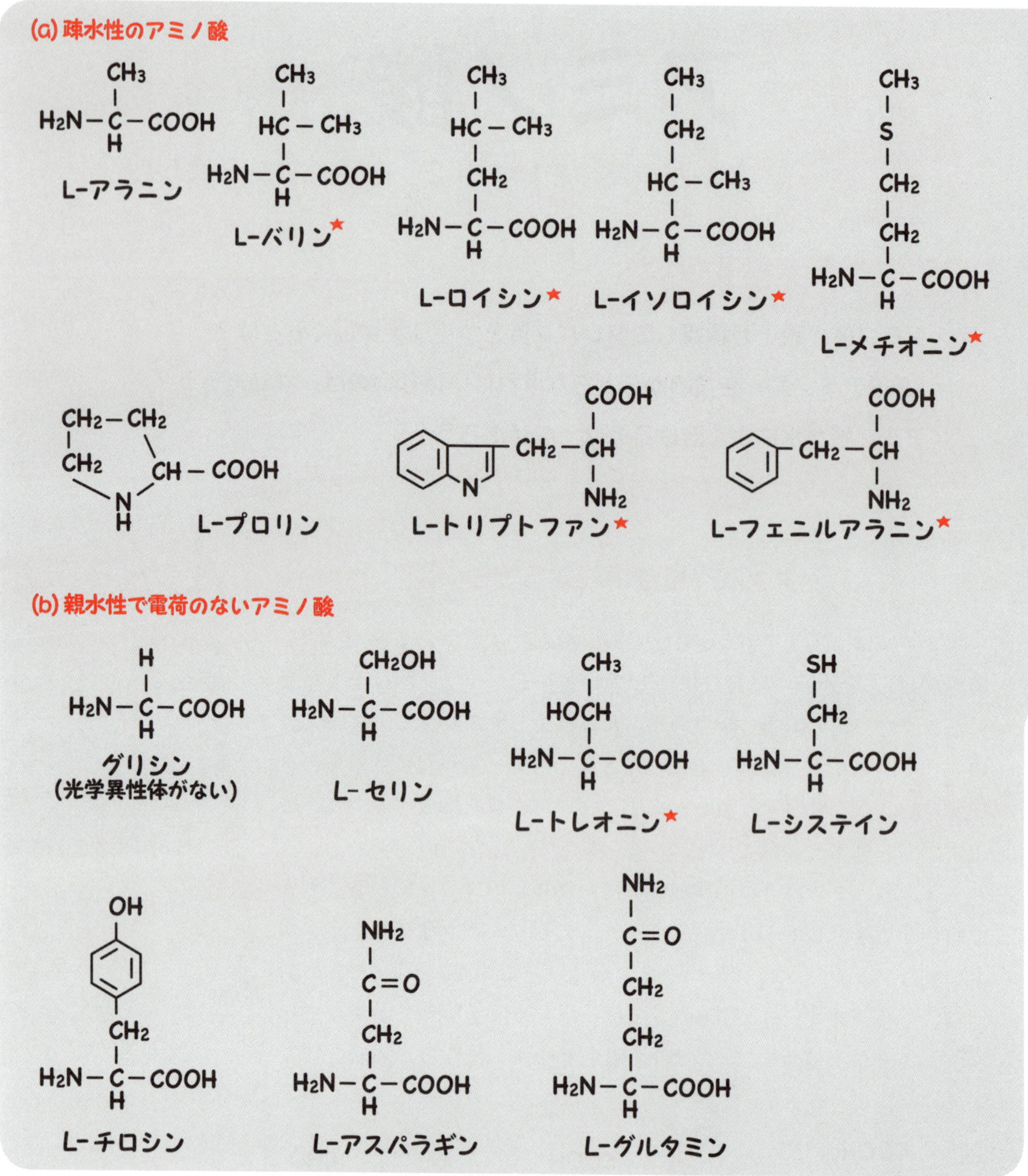

### (a) 疎水性のアミノ酸

L-アラニン　L-バリン★　L-ロイシン★　L-イソロイシン★　L-メチオニン★

L-プロリン　L-トリプトファン★　L-フェニルアラニン★

### (b) 親水性で電荷のないアミノ酸

グリシン（光学異性体がない）　L-セリン　L-トレオニン★　L-システイン

L-チロシン　L-アスパラギン　L-グルタミン

ノ酸がつながる順序の違いにより，できるタンパク質の種類は$20^{100}≒10^{130}$にもなります．そしてこの種類の多さこそ生命がさまざまに表現されるもとになっています．とはいえ実際には，いま地球上にあるタンパク質の種類は65〜200万くらいといわれています．その理由として，①折りたたみがスムーズに行える，②特異的結合部位がある，③構造的に堅固でかつ柔らかい，④ダメージを受けたとき分解され

## 1. タンパク質を構成するアミノ酸

**(c) プラスの電荷をもつアミノ酸**

L-リシン ★   L-ヒスチジン   L-アルギニン

**(d) マイナスの電荷をもつアミノ酸**

L-アスパラギン酸   L-グルタミン酸

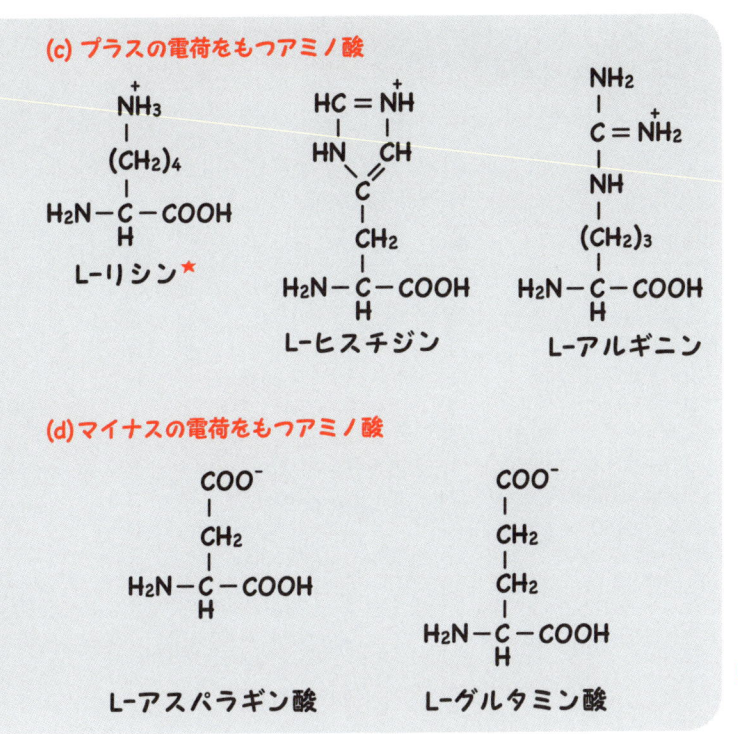

図4-2 アミノ酸の分類
★はヒトの必須アミノ酸.

やすい，④疎水的，親水的，耐熱的などまわりの環境に合わせられるなどの特徴が求められるためと考えられます．

タンパク質性アミノ酸20種を図4-2に示します．また，タンパク質を構成しないアミノ酸も生体内には存在します．そのような非タンパク質性アミノ酸の構造を図4-3に示しました．

L-オルニチン   β-アラニン   γ-アミノ酪酸 (γ-amino butyric acid) GABA

図4-3 よくでてくる非タンパク質性アミノ酸

非タンパク性アミノ酸には，代謝の中間産物として重要なものが多い．オルニチンは尿素サイクル（p.123参照）のメンバーであり，β-アラニンはビタミンのパントテン酸（p.77参照）の前駆物質である．またグルタミン酸が脱炭酸してできる GABA は神経伝達物質として知られている．多くのアミノ酸代謝産物が TCA サイクルへ入る代謝の経路があり，これは GABA 側路と呼ばれている．

### グルタミン酸ナトリウム

池田菊苗により昆布のうま味のもととして同定された．この成分は大豆や小麦のタンパク質に多く含まれているため，これらの分解産物から工業的に調製され，調味料の"味の素"として発売された．現在ではグルタミン酸発酵法で，細菌の大量培養により生産されている．

最近では，遺伝子であるDNAの塩基配列から，簡単にタンパク質のアミノ酸配列がわかるようになりました．アミノ酸はたびたび表4-1のように1文字の略号で表されます．

表 4-1 アミノ酸の略号

| アミノ酸 | 略号 | アミノ酸 | 略号 |
|---|---|---|---|
| アラニン(Ala) | A | トレオニン(Thr)★ | T |
| バリン(Val)★ | V | システイン(Cys) | C |
| ロイシン(Leu)★ | L | グルタミン(Gln) | Q |
| イソロイシン(Ile)★ | I | アスパラギン(Asn) | N |
| プロリン(Pro) | P | チロシン(Tyr) | Y |
| フェニルアラニン(Phe)★ | F | リシン(Lys)★ | K |
| トリプトファン(Trp)★ | W | アルギニン(Arg)★ | R |
| メチオニン(Met)★ | M | ヒスチジン(His)★ | H |
| グリシン(Gly) | G | アスパラギン酸(Asp) | D |
| セリン(Ser) | S | グルタミン酸(Glu) | E |

## ONE POINT

**必須アミノ酸**

動物が自分の体内で合成できないアミノ酸を必須アミノ酸といい，ヒトでは9種類(★印)あります．ラットを含めると10種類(★印＋★印)です．おぼえかたに「雨降りひと色鳩(アメフリヒトイロバト)」があります(アルギニン，メチオニン，フェニルアラニン，リシン，ヒスチジン，トリプトファン，イソロイシン，ロイシン，バリン，トレオニンの順に頭の一文字をとる)．鳥ではグリシンも必須アミノ酸です．

## 2．アミノ酸の化学的な性質

アミノ酸は両性イオンなので，$pK_a$値を二つもっています(図4-4)．アミノ酸が水によく溶け，エーテルなどの有機溶媒に溶けにくいのは，アミノ酸が両性イオンであるためです．

**両性イオン**

アミノ基などの塩基性基とカルボキシ基などの酸性基をもつ分子において，両方の基が同時にイオン化して正負の両電荷をもつものを両性イオンという．

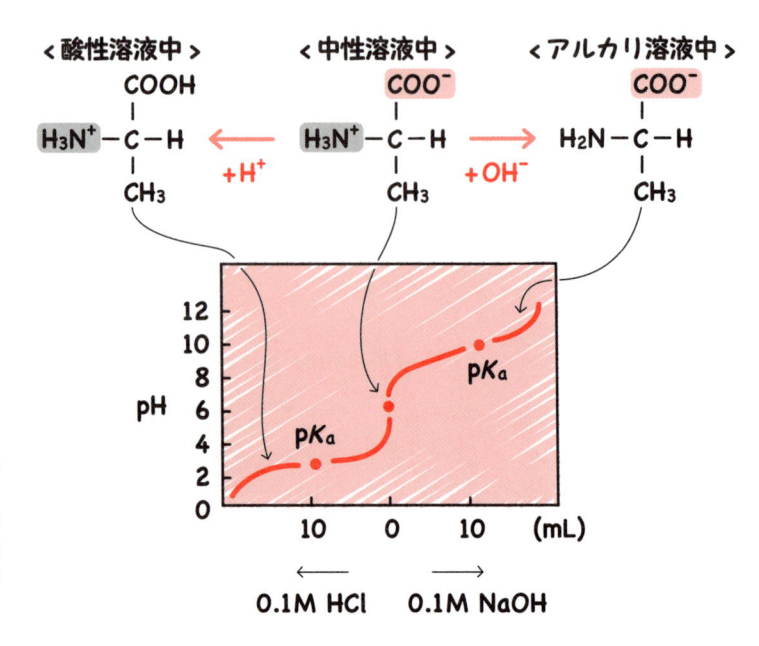

**図 4-4 アミノ酸の両性イオンとしての性質**

0.1 M アラニン20 mL に0.1 M NaClまたは0.1 M HCl を加えたときの滴定曲線．両性イオンでは正電荷と負電荷がつりあっているため，分子全体では電荷がゼロとなる．このような状態になる時のpHを等電点(pI)という．

## 章末問題

（1）等電点(pI)と同じpHではアラニンの電荷はゼロである．このときアラニンの構造式では非電荷体でなく，両性イオン体として存在すると考えられている．その理由を説明せよ．

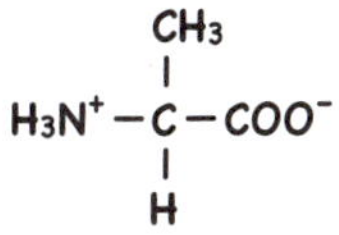

$$H_3N^+-\underset{H}{\underset{|}{\overset{CH_3}{\overset{|}{C}}}}-COO^-$$   両性イオン体

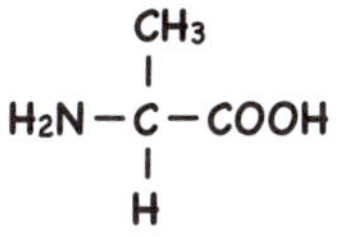

$$H_2N-\underset{H}{\underset{|}{\overset{CH_3}{\overset{|}{C}}}}-COOH$$   非電荷体

（2）牛乳に含まれるタンパク質カゼインは，加水分解によってリン酸化セリンを生じる．しかし，このアミノ酸はタンパク質を構成するアミノ酸20種には含まれていない．これはなぜか．

（3）アミノ酸は，生理活性をもつ多くの含窒素化合物の前駆体である．以下の化合物はどのアミノ酸から生成されるか．またこれらの化合物の生成に関与する共通の反応名は何か．

①プトレッシン　　②カダベリン

③ GABA　　　　　④ヒスタミン

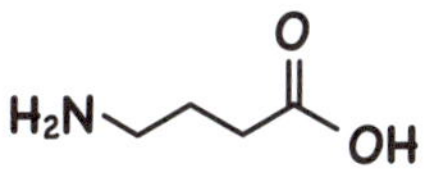

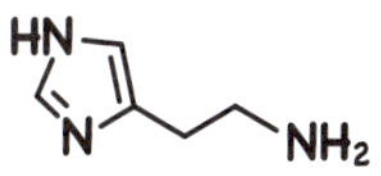

---

### かいせつ

## ドーパミンはチロシンからできる

アミノ酸は体内でアミノ酸デカルボキシラーゼ(amino acid decarboxylase)で脱炭酸されて，アミンとなります．生じたアミンには重要な生理活性物質が多くあります．たとえば，チロシンでは水酸基(−OH)が結合して神経伝達物質ドーパになったのち，脱炭酸されてドーパミンとなり，さらに水酸基が加わりノルアドレナリン，そしてメチル基($-CH_3$)が入りアドレナリンができます．ドーパミンからあとはすべて生理活性物質です．

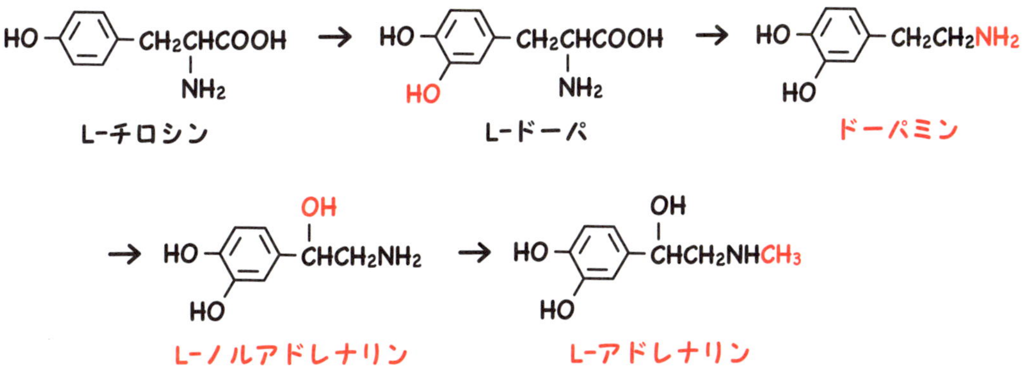

L-チロシン → L-ドーパ → ドーパミン → L-ノルアドレナリン → L-アドレナリン

# 5章 タンパク質・酵素

体のなかのはたらきもの，立体構造がカギ

**この章で考える なぜ？**

- 卵をゆでると白身が白くかたまるのは，なぜだろう？
- ゼリーが固まるのは，なぜだろう？
- 石焼きいもが特別甘いのは，なぜだろう？
- パーマをかけると髪がカールされたままになるのは，なぜだろう？

## 1. タンパク質

　タンパク質は生体内で，反応の触媒や細胞の構造保持，遺伝情報の翻訳や発現の制御など，いろいろなはたらきをしています．一つのタンパク質は基本的に一つのはたらきしかしないため，これら数多くの仕事を行うために，数千種類ものタンパク質があります．これらのさまざまなタンパク質は，アミノ酸どうしがペプチド結合でつながったポリマーでできています．ペプチド結合は図5-1で示すようにアミノ酸のアミノ基（$-NH_2$）とカルボキシ基（$-COOH$）が脱水縮合すること

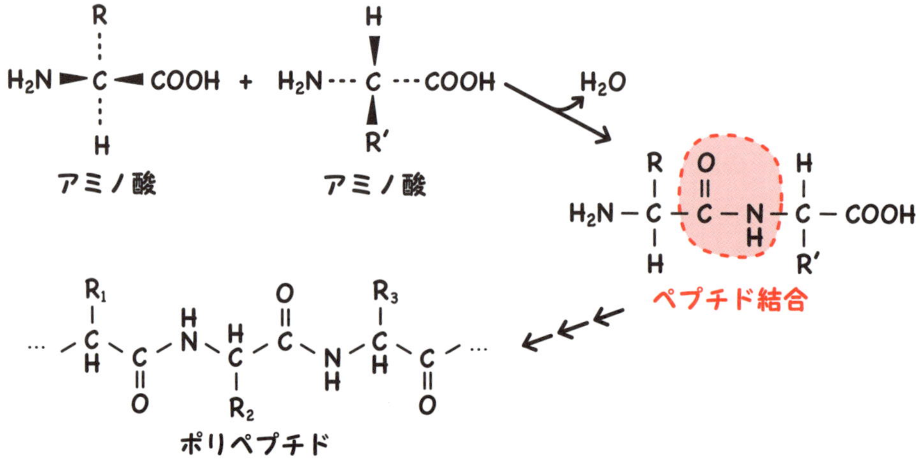

図5-1　ペプチド結合によるポリペプチドの生成

で形成されます．生体内でアミノ酸からポリペプチドをつくる「タンパク質生合成」の方法は16章でくわしく述べます．

アミノ酸の側鎖（-R）にはプラスやマイナスの電荷をもつものがあります（4章参照）．そこでタンパク質にも，プラス・マイナスがちょうどつりあって，タンパク質分子全体の電荷がゼロになる pH があります．この pH をそのタンパク質の等電点（pI）といいます．ふつうのタンパク質の等電点は7以下が多く，アルカリ側の pH ではタンパク質自体はマイナスに帯電します．このため，アルカリ条件でタンパク質の水溶液に電圧をかけるとタンパク質はマイナス極からプラス極に移動します．この方法を電気泳動といい，さまざまなタンパク質を大きさや電荷で分離するために用いられています（図5-2）．

タンパク質の立体構造は，アミノ酸の結合順序（アミノ酸配列）により決まります．つまり，アミノ酸配列の違いにより，それぞれ異なる固有の立体構造をもつことになります．その立体構造を決めるのがアミノ酸の側鎖です（図5-3）．

タンパク質の構造を階層別に分類すると，① アミノ酸配列による一次構造，② ペプチド主鎖のイミド基（-NH-）とカルボニル基

---

### Column ダイエットの味方？ アスパルテーム

L-アスパラギン酸とL-フェニルアラニンのメチルエステルがペプチド結合したものをアスパルテームといい，ショ糖（砂糖）の200倍の甘さがあります．そしてカロリーは1gで4kcalとショ糖とほとんど変わらないため，少量で甘味を得られる低カロリー甘味料として，ダイエット食品などに用いられています．

下の図のようにアスパラギン酸の α 位の炭素に結合している-COOHとフェニルアラニンの-NH$_2$がペプチド結合したものは甘いのですが，β 位の炭素に結合している-COOHがペプチド結合したものは甘くありません．

アスパルテーム

### 図5-2 タンパク質の電気泳動

タンパク質はマイナスに帯電し，帯電の程度と分子の大きさの違いによりマイナス極からプラス極へ移動する速さが異なる．ガラス板の間にはアクリルアミドというゲルが入っている．

### 図5-3 タンパク質の立体構造に関与する結合

タンパク質は，①静電作用によるイオン結合，②非極性側鎖間の疎水性相互作用，③システイン残基間のジスルフィド結合(-S-S-)，④側鎖間および側鎖と主鎖のあいだの水素結合，の四つで三次構造が決まる．

タンパク質は水分子に囲まれているため，疎水性の側鎖はタンパク質内部に寄り集まって疎水結合を形成する．タンパク質が変性すると疎水側鎖がタンパク質表面に現れるために不溶性となり，沈殿する．

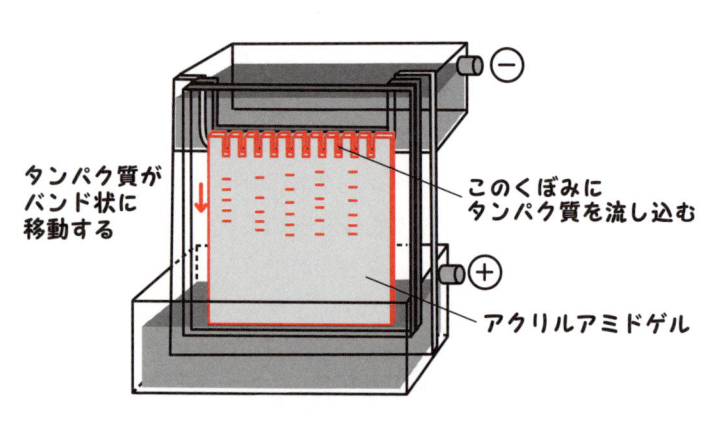

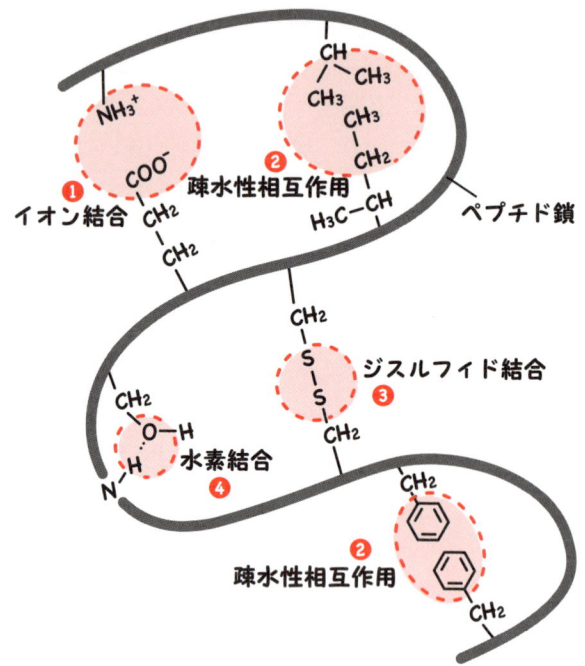

## ONE POINT

**ペプチド結合の部分的二重結合性**

二つのアミノ酸をつないでいるペプチド結合は

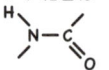

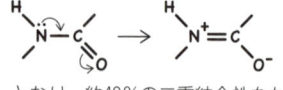

H   
|   
N-C   
   ‖   
   O

の単結合だけでなく，

H            H   
|            |   
N-C   →    N⁺=C   
  ‖              |   
  O              O⁻

となり，約40％の二重結合性をもつ混成共鳴構造をとって

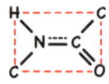

H   
|   
N=C   
|   |   
C   O

の平面構造を形成するため，N-C結合は自由に回転できない．

(-CO-)との水素結合による二次構造，③アミノ酸側鎖と主鎖による三次構造，④複数のポリペプチドが非共有結合で会合する四次構造にわけられます．二次構造では$\alpha$ヘリックスと呼ばれる右巻きらせん構造，$\beta$シートと呼ばれる波型構造，折れ曲がり構造などがあります．NH-CO の共有結合は共鳴構造のために部分的に二重結合性となって自由に回転できないため，ポリペプチド鎖がとりうる立体構造は限られています．

## Column: ゼリーはなぜ固まる？

ゼリーをつくるときに用いるゼラチンは，コラーゲンというタンパク質が変性したものです．コラーゲンは，ほ乳類で全タンパク質の3分の1を占める，最も多いタンパク質です．結合組織のなかでコラーゲンは，編んだ縄のように三本鎖がらせん構造をとった繊維状となり，組織の構造を保つために役立っています．変性コラーゲンであるゼラチンは，熱をかけて溶かしてから冷やすとゲル*化します．これはα化したデンプンと同じく，高い親水性をもつことによります．コラーゲン中には，プロリンやリシンに水酸基がついたヒドロキシプロリンやヒドロキシリシンがあり，まるで千手観音のように水中の $H_2O$ をしっかりつかまえているのです．生体内でのプロリンの水酸化には L-アスコルビン酸（ビタミンC）が必要です．ビタミンCがお肌に良いというのは，このためです．

シロップやジュースをゼラチンで固めたものがゼリーですが，生のパイナップルやキウイを入れると固まらないことがあります．これはコラーゲンを切ってしまうタンパク分解酵素，プロテアーゼが含まれているためです．パイナップルゼリーをつくりたいときは，生のパイナップルを加熱して酵素を失活させてから使うとゲル化します．

肉や白身の魚を煮込んでから冷やしてできる，酒の肴に最適な煮こごりも，コラーゲンが熱変性して溶けだし固まったものです．

*ゲル：ある高分子の物質（溶質）が水や油（溶媒）を包みこんで，弾力性のある半固体状になることがある．この状態をゲルと呼ぶ．溶質がデンプンの場合は，葛湯やカスタードクリーム，アガロース（寒天）ではところてんや水ようかん，タンパク質のゼラチンではゼリーや煮こごり，ペクチンではジャムなどがこれにあたり，この場合の溶媒は水である．溶媒が油，溶質が卵黄タンパク質の場合がマヨネーズ（p.29参照），空気を卵白や乳ホイップで包みこんだゲルが，お菓子のメレンゲや生クリームである．

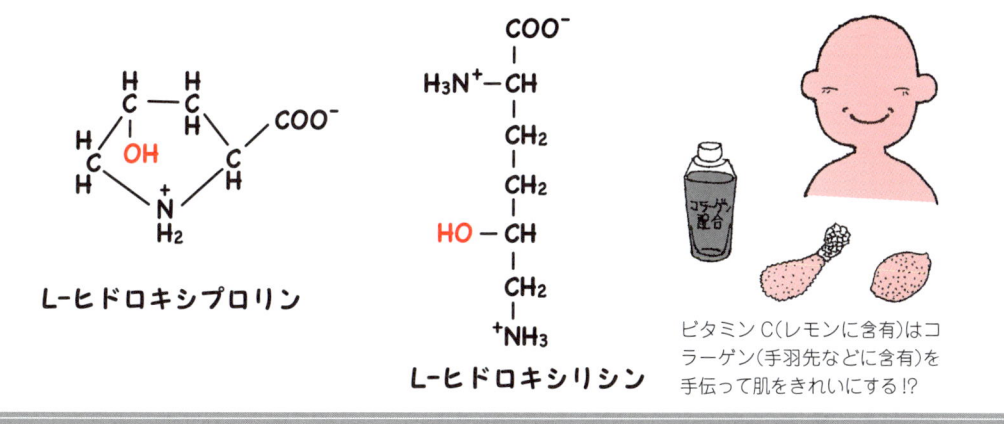

L-ヒドロキシプロリン

L-ヒドロキシリシン

ビタミンC（レモンに含有）はコラーゲン（手羽先などに含有）を手伝って肌をきれいにする!?

### ペプチド鎖の折りたたみ

1950年代後半，いったん変性して失活した RN アーゼというタンパク質が，ある条件では再度折りたたまれて酵素活性が戻るということがわかりました．科学者たちは，ゆくゆくはアミノ酸の一次配列から

## VITAMIN ONE POINT

### ビタミン C（L-アスコルビン酸）

アスコルビン酸が不足すると壊血病になりやすくなります。昔，長期間航海する水夫が壊血病にかかりやすかったのは，アスコルビン酸を多く含む新鮮な野菜が食べられなかったためです．コラーゲンに含まれる L-ヒドロキシリシン（p. 47）の水酸基導入反応には補酵素として L-アスコルビン酸が必要です．水酸化反応で使われた L-アスコルビン酸は酸化されてデヒドロアスコルビン酸となり，生体内では還元されて L-アスコルビン酸にもどされます．L-アスコルビン酸は，L-チロシンの水酸化反応（p. 43）や，α-トコフェロールキノン（p. 32）のα-トコフェロールへの還元などさまざまな反応に必要です．

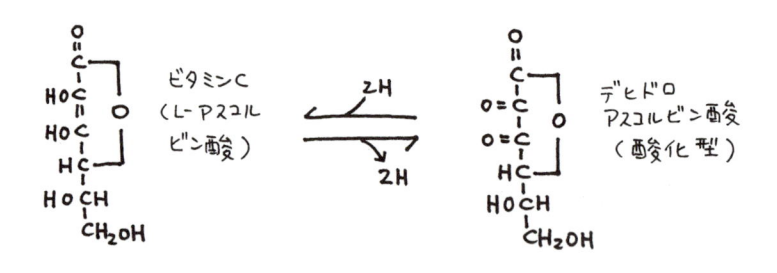

---

タンパク質の三次構造を予想できるようになると考えていましたが，実際には，いまだに最高のコンピュータや数学モデルを駆使してもごく限られた情報しか得られていません．またシミュレーションによると，ペプチド鎖が端から順に折りたたまれると仮定した場合，折りたたみに数年もかかるという結果になるため，細胞内ではペプチド鎖のいたるところで同時に協同して折りたたみが進むと考えられています．しかし，このように自然に折りたたまれるのは，アミノ酸残基が100以下の小さなタンパク質のみです．多くの長いペプチド鎖は，分子シャペロンとよばれるタンパク質の助けがないと正しく折りたたまれません．「シャペロン」とは社交界にデビューする貴婦人を指導する年配の女性のことで，この分子がタンパク質の成熟を促すはたらきをもつことから名づけられました．分子シャペロンがペプチド鎖の折りたたみを補助する過程には，エネルギーとして ATP を必要とします．

## 2．酵　素

酵素はタンパク質からできていますが，コラーゲンのような構造保持機能とは異なり，化学反応を触媒するはたらき（catalysis）をもっています．触媒といえば，過酸化水素から酸素を発生させるときにつかう無機触媒の二酸化マンガンがあります．生体内で触媒活性をもつものには，酵素のほかに RNA（6 章参照）があります．

## 2. 酵素

**5.1**
$$2H_2O_2 \xrightarrow{MnO_2} 2H_2O + O_2$$

触媒は反応をすすめる速度を大きくするだけで，化学反応が進行して平衡に達したときの平衡定数を変えることはできません．触媒自身は変化しないため，何回でも反応につかわれます．式5.1の反応を触媒する酵素にカタラーゼがあります．酵素が無機触媒と異なる点は，酵素が触媒する反応の種類と基質（substrate：反応する物質）に特異性がある，つまり特定の酵素は特定の基質に対して特定の反応しか行わない，ということです．

酵素はある範囲のpHでよく作用し，そのpHのなかでも最もよくはたらくpHを最適pHと呼びます．また最適温度があります．無機触媒では，温度が上がると反応速度はどんどん上昇していきます．しかし酵素ではある温度以上では反応速度は上昇しても，酵素自体がタンパク質でできているために熱変性を起こして失活していきます（図5-4）．

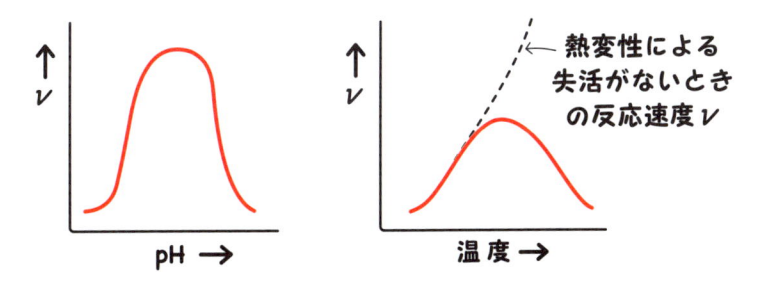

**図5-4 酵素の最適pHと最適温度**
酵素タンパク質は，pHの変化により側鎖の電離状態が変わり立体構造が変化する．また多くの基質がイオン化するため，pHによって酵素活性は変化する．また温度を上げすぎるとタンパク質が変性して酵素活性がなくなる（失活する）．

タンパク質は60〜70℃で失活するため，ふつうは30〜40℃が最適温度ですが，アミラーゼのように熱に強い酵素や好熱バクテリアの酵素は高い最適温度を示します．

酵素反応は次のように進行します．最初は試験管のなかに酵素の全量 $E_0$（enzyme 0）が溶けています．濃度は[ ]で表すので[$E_0$]と書きます（図5-5a）．

**5.2**
$$E + S \underset{v_2}{\overset{v_1}{\rightleftarrows}} ES \xrightarrow{v_3} E + P$$

基質S（substrate）を加えると，図5-5のように（b）からすぐに（c），

---

**5.1**
catalase
カタラーゼ

### ONE POINT

**〜アーゼ (-ase)**

〜アーゼ(-ase)は，酵素を表す接尾語である．たとえばアミラーゼ（amylase：デンプン分解酵素），プロテアーゼ（protease：タンパク質分解酵素），ヘキソキナーゼ（hexokinase：六炭糖リン酸化酵素）など．

**変性と失活**

タンパク質分子は本来の立体構造に折りたたまれて，生体内で機能をもつことができるが，加熱や酸アルカリなどの原因により，一次構造が変わらないのに物性が変化することを変性といい，変性により本来もつ酵素活性などの機能が失われることを失活という．

### ONE POINT

**酵素反応の種類**

酵素反応は，① 酸化還元（p.72 アルコールデヒドロゲナーゼなど），② 転移（p.119 アミノトランスフェラーゼなど），③ 加水分解（p.98 グルコース-6-ホスファターゼなど），④ 脱離（p.71 ピルベートデカルボキシラーゼなど），⑤ 異性化（p.66 トリオースホスフェートイソメラーゼなど），⑥ 連結（p.132 DNAリガーゼなど）の6種類に分類される．

### ONE POINT

**化学反応速度論**

一般に化学反応速度は基質Sの濃度に比例し，A ⟶ Bでは $v = k_a[A]$ となります．$k$ はその反応の速度定数であり，温度や触媒で変化します．A + B ⟶ Cでは基質の積に比例し，$v = k_b[A][B]$ です．

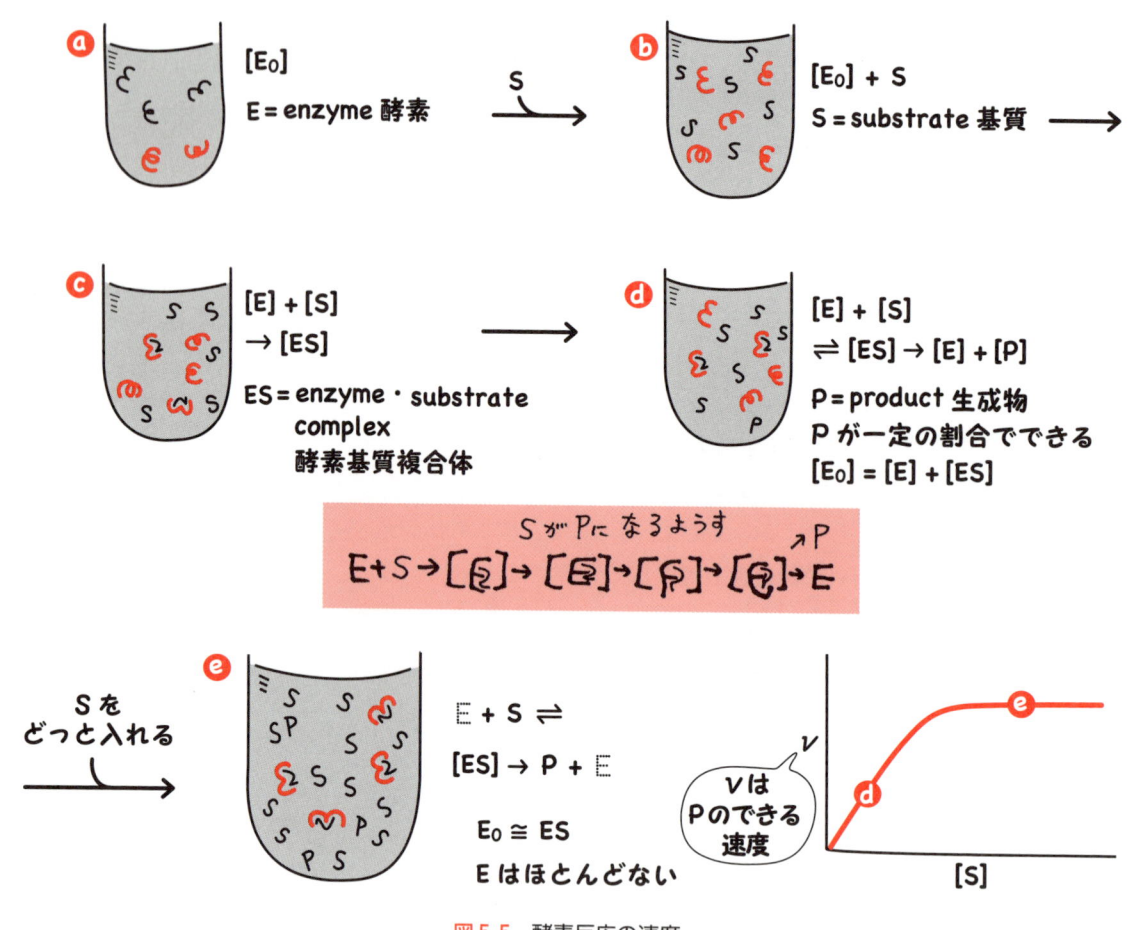

図5-5 酵素反応の速度

#### 酵素単位
酵素活性を表す単位として，国際単位(IU)がある．IUは1 μmole/1 minという反応生物量/時間の単位である．また最近では，カタール(Kat)という単位(1 mole/1 s)がおもに使われ，1 Kat = $6 \times 10^7$ IU に相当する．

そして(d)に移り，酵素はこの状態で，一定の速度で生成物P(product)をつくりだしていきます(この状態ではPは生成されはじめた直後なので，ES ⟵ E + P の方向は無視できます)．式5.2におけるそれぞれの反応速度 $v_1$, $v_2$, $v_3$ の速度定数は温度条件のみで定まるため一定なので，それぞれ $k_1$, $k_2$, $k_3$ とできます．Sを加えてすぐに，ESが生成する速度とESが消失する速度が同じになり，一定の速度でPが生成するので，式5.2では $v_1 = v_2 + v_3$ です．すなわち

$$k_1[\text{E}][\text{S}] = k_2[\text{ES}] + k_3[\text{ES}]$$

です．ここで，ミカエリス(Michaelis)が定めた定数 $K_m = (k_2 + k_3)/k_1$ をおくと

$$K_{\mathrm{m}} = \frac{[\mathrm{E}][\mathrm{S}]}{[\mathrm{ES}]} \quad (K_{\mathrm{m}} をミカエリス定数という)$$

となります．ここで$\mathrm{E}_0 = \mathrm{E} + \mathrm{ES}$であり，$\mathrm{E} = \mathrm{E}_0 - \mathrm{ES}$を上の式に代入すると

$$K_{\mathrm{m}} = \frac{(\mathrm{E}_0 - [\mathrm{ES}])[\mathrm{S}]}{[\mathrm{ES}]}$$

これより

$$[\mathrm{ES}] = \frac{\mathrm{E}_0 [\mathrm{S}]}{K_{\mathrm{m}} + [\mathrm{S}]}$$

ここでPが生成される速度$v_3 = k_3 [\mathrm{ES}]$であり，上の式の両辺に$k_3$を乗じて

**5.3** $$v_3 = \frac{k_3 \mathrm{E}_0 [\mathrm{S}]}{K_{\mathrm{m}} + [\mathrm{S}]}$$

ここで図5-5(e)のように過飽和にSを加えたとき，[ES]は$\mathrm{E}_0$にほぼ等しくなり，このときの速度はSを加え続けても変化しません．このときの速度は$V_{\max} = k_3 \mathrm{E}_0$であり，式5.3に代入すると

**5.4** $$v_3 = \frac{V_{\max}[\mathrm{S}]}{K_{\mathrm{m}} + [\mathrm{S}]} \quad (V_{\max} を最大速度という)$$

この式5.4をミカエリス-メンテンの式といいます．$[\mathrm{S}] = K_{\mathrm{m}}$のとき，式5.4は

$$v_3 = \frac{V_{\max}}{2}$$

となり，$K_{\mathrm{m}}$値とは$V_{\max}$の1/2のときの[S]であることがわかります．$K_{\mathrm{m}}$値は，その反応を触媒する酵素Eと基質Sの親和性を表しています．$K_{\mathrm{m}}$値が小さいほど，親和性が高くなります．図5-6のように，酵素$\mathrm{E}_a$と酵素$\mathrm{E}_b$を比較した場合，基質が飽和している条件では$v$（$V_{\max}$）は$\mathrm{E}_a$のほうが$\mathrm{E}_b$より大きいのですが，基質濃度が低い条件では$\mathrm{E}_b$のほうが$\mathrm{E}_a$より大きくなります．一般に生体内では基質濃度は低く，$\mathrm{E}_b$のほうが$\mathrm{E}_a$より実際には効率よくはたらいていることが予想されます．また，生理的条件では$\mathrm{S} \ll K_{\mathrm{m}}$が想定されるため，$K_{\mathrm{m}}$値の代わりに$k_3/K_{\mathrm{m}}$（特異性定数）が触媒効率を示す指標として使われています．

---

**ミカエリス定数**

酵素反応における基質濃度から算出される定数で，初速度が最大速度$V_{\max}$の1/2になるときの基質濃度と定義され，定数は濃度の次元をもつ．各酵素に特有の定数で，定数値が小さいほど基質への親和性が大きいといえる．

$$\begin{cases} K_m = \dfrac{E_0 [S] - [ES][S]}{[ES]} \\[6pt] K_m = \dfrac{E_0 [S]}{[ES]} - [S] \\[6pt] K_m + [S] = \dfrac{E_0 [S]}{[ES]} \end{cases}$$
より

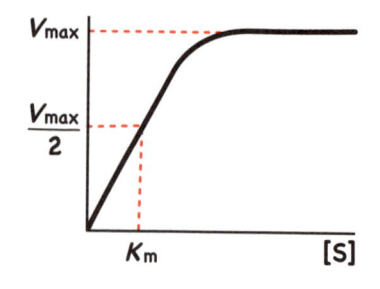

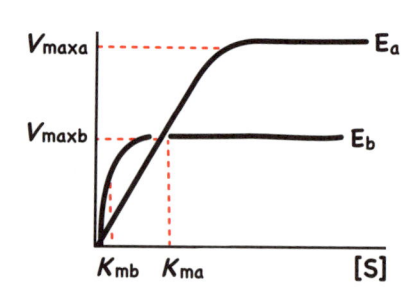

**図5-6　2種類の酵素反応の比較**

生体内には同じ反応を触媒する複数の種類の酵素群がある場合が多い．基質濃度が低いときにはたらく $E_b$ では $K_m$ 値が重要で，生体内でわずかに含まれる基質をすみやかに変化させる．基質濃度が高くなってくるとはたらく $E_a$ では $V_{max}$ が重要で，多量の基質を生成物に変化させる．

## 章末問題

（1）髪の毛を構成するおもなタンパク質は，爪や動物の角にも含まれるケラチンである．ケラチンはジスルフィド結合(-S—S-)を多く含み，この結合で髪の毛の形がある程度決まっている．それではパーマのカールはどのようにしてつくるのだろうか．

（2）ある精製タンパク質は0.326%の鉄を含んでいる．このタンパク質1分子に鉄が1分子しか含まれないとするとき，このタンパク質の分子量はいくらか．Feの原子量＝56．

（3）以下のタンパク質の等電点を（　）内に示したが，これらのタンパク質はそれぞれの電界では〔陽極へ移動，陰極へ移動，移動しない〕のうちどの挙動を示すか．
　（a）pH 8での血清アルブミン(pI ＝4.9)
　（b）pH 3.0, pH 9.0でのウレアーゼ(pI ＝5.0)
　（c）pH 4.5, pH 9.5, pH 11でのリボヌクレアーゼ(pI ＝9.5)
　（d）pH 3.5, pH 7.0, pH 9.5でのペプシン(pI ＝1.0)

（4）酵素に最適pHがあるのはなぜか．

（5）先天的代謝異常としてフェニルケトン尿症が知られている．この場合フェニルアラニンからチロシンを合成するフェニルアラニンヒドロキシラーゼが欠損しており，血液中に多量のフェニルアラニンが蓄積するため知能障害が生じる．尿にはフェニルアラニンのケト酸であるフェニルピルビン酸が排出されるので，フェニルケトン尿症と呼ばれている．このような患者には甘味料アスパルテームは避けたほうがよいとされているが，それはなぜか．

（6）アラニンとグリシンがペプチド結合したグリシルアラニンとアラニルグリシンではどこが違うのか．

## Column: おいしい焼きいものつくり方

　石焼きいもはβ-アミラーゼの力でおいしくなります．家でもおいしい焼きいもをつくってみましょう．

　アミラーゼには，唾液に含まれているα-アミラーゼのように，アミロースやアミロペクチンのα-1,4結合を"内部から"ぶつぶつと切っていくエンド型と，サツマイモに含まれているβ-アミラーゼのように"端から"切っていくエキソ型があります．デンプンにβ-アミラーゼがはたらくと甘いβ-マルトースが生じます．

　アミラーゼは熱に強く，うまく加熱するとサツマイモのデンプンの一部がマルトースに変わり甘みが増します．さっそくつくってみましょう．

① サツマイモをアルミホイルでしっかり包みます．
② ガスオーブンなどで80℃以下で2時間程度あたためます．もし簡単な電気オーブンしかなくても，こまめに電源を入れたり切ったりして温度があまり上がらないようにします．
③ 強火(250℃)に切り替えて30分程度加熱します．

　アミラーゼは熱に強いといっても強火では失活してしまいます．60℃から70℃くらいが，最もアミラーゼが強力にはたらく温度です．石焼きいもを割ると，なかが少しとろっとしたような状態になっています．これはデンプンが少し糖に変化したためです．いろいろな食材にはさまざまな酵素が含まれていて，この力をうまく利用するととても料理がおいしくなります．電子レンジでチンしたイモはβ-アミラーゼがはたらく間もなく失活してしまい，甘みの少ない焼きいもになります．

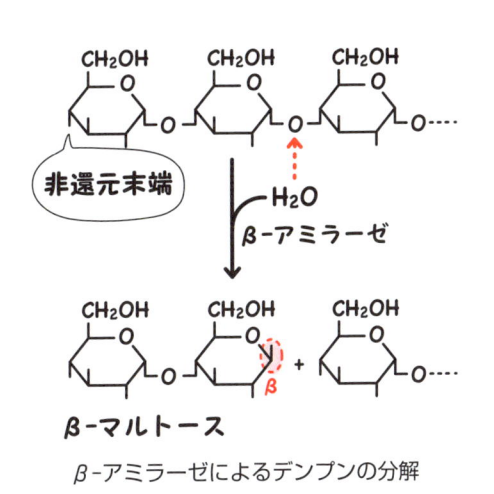

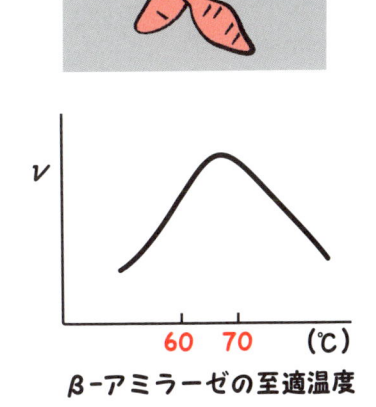

**β-アミラーゼによるデンプンの分解**

**β-アミラーゼの至適温度**

# 6章 ヌクレオチド・核酸

生体内のエネルギーの"お金"・遺伝情報のことば

## この章で考える なぜ？

- 遺伝子の正体とは，なんだろう？
- 一番だしがおいしいのは，なぜだろう？
- なぜ4種類のヌクレオチドで遺伝情報を伝えることができるのだろう？
- なぜ「ATPはエネルギーの通貨である」と表現されるのだろう？

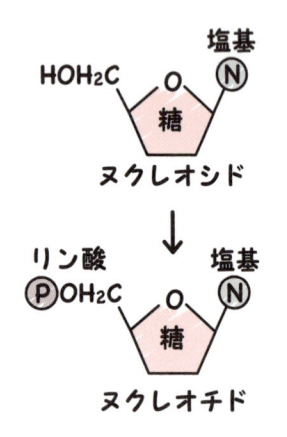

**図6-1 ヌクレオチドの構造と構成単位**

**塩基**
塩基とは他の分子から水素イオンを受けとりやすい物質のこと．

## 1．ヌクレオチド

ヌクレオチドはあまりなじみのない名前かもしれませんが，遺伝子である高分子の核酸の成分でもあり，それ以外の代謝にもでてきます．まず名称と構造をみてみましょう．

ヌクレオチドは糖と塩基とリン酸からできています．糖と塩基だけの場合はヌクレオシドといいます（図6-1）．このヌクレオチドの重合体（ポリマー）がDNAやRNAとなります（それらの役割は16章で説明します）．ヌクレオチドには表6-1のような種類があります．そのうち，UMP（uridine monophosphate：ウリジル酸）はRNAにのみ，

**表6-1 ヌクレオチドの種類**

| 糖 | 塩基 | ヌクレオシド | ヌクレオチド |
|---|---|---|---|
| D-リボース | A | アデノシン | AMP |
|  | G | グアノシン | GMP |
|  | C | シチジン | CMP |
|  | U | ウリジン | UMP |
|  | T | リボチミジン | rTMP* |
| 2-デオキシ-D-リボース | A | デオキシアデノシン | dAMP |
|  | G | デオキシグアノシン | dGMP |
|  | C | デオキシシチジン | dCMP |
|  | T | チミジン | dTMP |
|  | U | デオキシウリジン | dUMP* |

*生体内にはあまりみられない．

**表 6-2 塩基の種類**

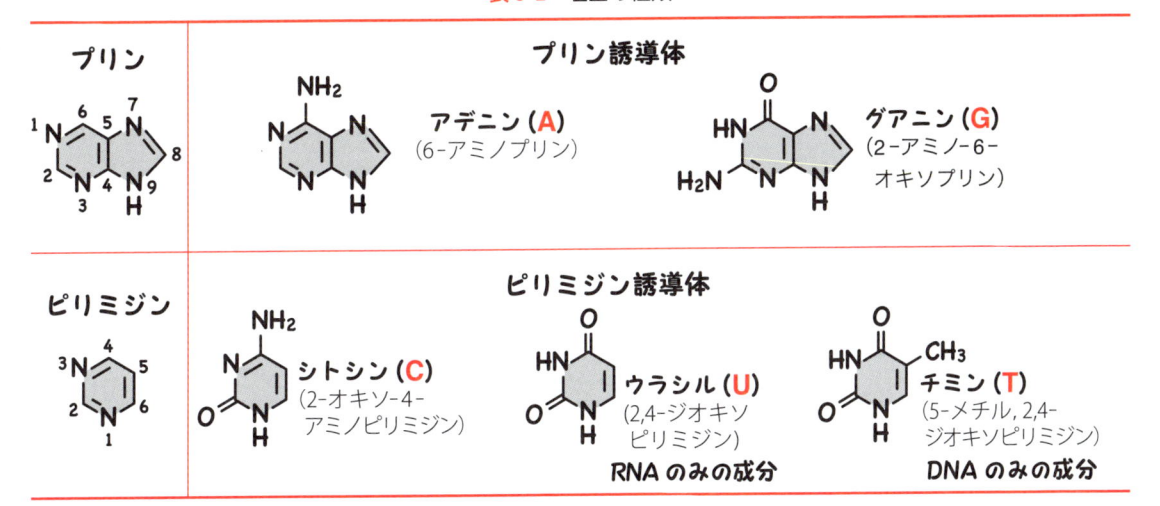

| プリン | プリン誘導体 | |
|---|---|---|
| (プリン骨格 1,2,3,4,5,6,7,8,9) | アデニン (A)（6-アミノプリン） | グアニン (G)（2-アミノ-6-オキソプリン） |

| ピリミジン | ピリミジン誘導体 | | |
|---|---|---|---|
| (ピリミジン骨格 1,2,3,4,5,6) | シトシン (C)（2-オキソ-4-アミノピリミジン） | ウラシル (U)（2,4-ジオキソピリミジン）**RNAのみの成分** | チミン (T)（5-メチル, 2,4-ジオキソピリミジン）**DNAのみの成分** |

dTMP(deoxythymidine monophosphate：チミジル酸) は DNA にのみ含まれています．ヌクレオシドは水に溶けても中性なのですが，リン酸の結合したヌクレオチドは弱酸性を示します．ヌクレオチドの構造を，AMP(adenosine monophosphate：アデニル酸) を例にとって説明すると，アデニンの 9 位の−NH と D-リボースの 1 位の炭素の−OH が脱水縮合しており，また同じリボースの 5 位の炭素の−OH とリン酸がエステル結合しています (図6-2)．

ヌクレオチド誘導体として，AMP にさらにリン酸がついた ADP (adenosine diphosphate：アデノシン二リン酸) や ATP(adenosine

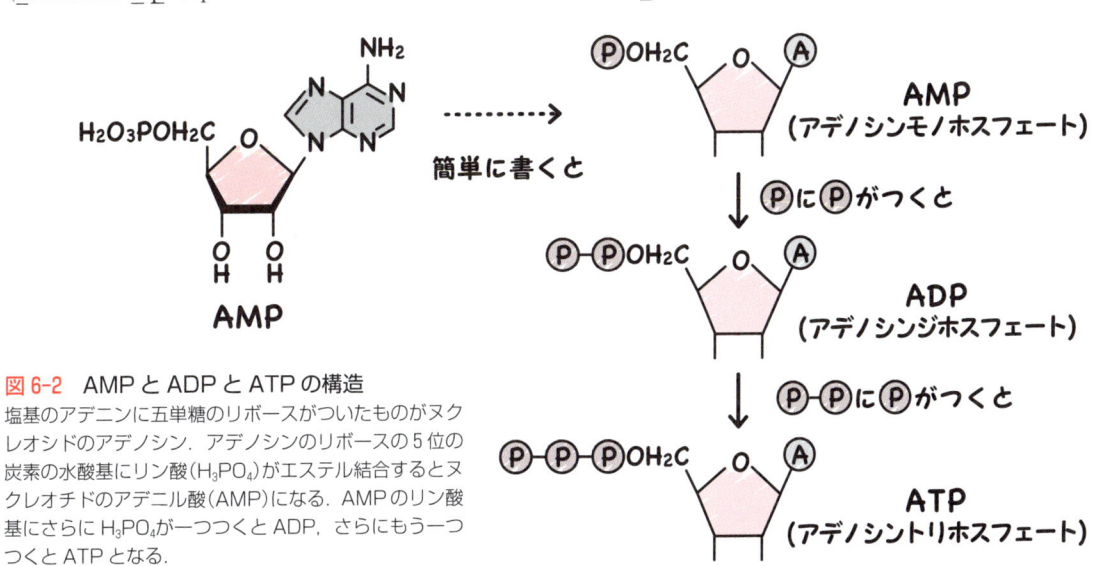

**図 6-2　AMPとADPとATPの構造**
塩基のアデニンに五単糖のリボースがついたものがヌクレオシドのアデノシン．アデノシンのリボースの 5 位の炭素の水酸基にリン酸 ($H_3PO_4$) がエステル結合するとヌクレオチドのアデニル酸 (AMP) になる．AMP のリン酸基にさらに $H_3PO_4$ が一つつくと ADP，さらにもう一つつくと ATP となる．

triphosphate：アデノシン三リン酸）があります（図6-2）．ATPは解糖系やTCAサイクル（トリカルボン酸回路）のところで"エネルギーのお金"として登場します．じつはリン酸とリン酸の結合（図の赤色の結合）はリン酸無水結合で，ここにエネルギーを蓄える秘密があるのです．リン酸のリン（P）と酸素（O）は電気陰性度の違い（p.3参照）から，リンはプラスに酸素はマイナスに帯電しています．リン原子どうしがプラスで静電気的にお互いに強く反発しており，このリン酸無水結合

**図6-3** ATPのP＝O結合の分極

---

## Column しいたけ昆布のおいしさの理由

かつおぶしのうま味はIMP（inosine monophosphate：イノシン酸）です．これは，15章のヌクレオチド合成のところで，AMP生合成の前駆体として登場します．

一方，干しいたけのうま味はGMP（グアニル酸）であることが知られています．GMPやIMPだけではうま味が弱いのですが，昆布のうま味グルタミン酸ナトリウム（Glu）といっしょにするとうま味が非常に強くなります．干しいたけと昆布を合わせてつかうとGMP + GluではなくGMP×Gluになるイメージです．

かつおぶしと昆布でもIMP×Gluとなり，ぐっとうま味が強くなります．その理由は，舌の味蕾の味細胞にはGluと特異的に結合する受容タンパク質があり，この結合親和性がIMPやGMPで促進されるためです．Gluのみでは結合しない薄い濃度でも，これらのヌクレオチドが共存するとGluは受容タンパク質と結合して，味神経に刺激が伝達されるのです．

うま味の相乗効果は，IMPが微生物発酵で製造されはじめたころから実験的に知られるようになりましたが，先人は昔から経験的にかつおぶしや干しいたけと昆布をいっしょにつかってきました．今でもいろいろな料理に合わせてつかわれ，またうまみ調味料の袋をみても，Glu 95％にIMP5％となっています．しいたけ昆布の佃煮のおいしさの理由はここにあります．

は，そこをあえてひっつけた磁石のようなものです（図6-3）．このためATPをADPとリン酸に加水分解すると，反発しているのを無理にくっつけていたエネルギーが飛びだしてくることになります．このエネルギーを生物はいろいろなことにつかうことができます．

またそのほかのヌクレオチド誘導体に，AMPやGMP（guanosine monophosphate：グアニル酸）のリボースの5位の炭素のリン酸基がさらに3位の炭素の−OHとエステル結合し，環状エステル結合をとるcAMP（cyclic AMP）やcGMP（cyclic GMP）があります．これらは，ホルモン作用の仲介役としてシグナル伝達のしくみのなかではたらくことが知られています．

**環状ヌクレオチド**
cAMPはアドレナリンなどの血液中の外界情報（第一メッセンジャー）を細胞内に伝える仲介役（第二メッセンジャー）として知られている．cGMPはcAMPとは異なる役割をはたし，視細胞における光受容シグナル伝達にはたらくことが知られている．

cAMP（サイクリックAMP）

cGMP（サイクリックGMP）

---

## Column 新鮮な刺身はなぜおいしい？

動物は死ぬとすぐに硬直が起こり，その肉は硬くて食べられません．しばらく置くとやがて少しずつ柔らかくなって，食べられるようになります．エネルギーを多く消費する筋肉中にはATPが含まれていますが，死後急速に減少していき，それとともにうま味成分のIMPが増えてきます．このため，肉は熟成させてから食べるとおいしいのです．ATPは，ADPそしてAMPへとリン酸加水分解され，次にAMPデアミナーゼ（脱アミノ酵素）でIMPになります．

魚の刺身は，動物の肉とは違い筋肉の繊維が短いため，死後硬直が起きている新鮮な刺身に弾力と歯切れのよさがあり，これをおいしく感じます．死後硬直が終わり，タンパク質分解酵素の作用で柔らかくなると魚特有の生ぐささがでてきます．鯉や鯛のあらいが氷の上で冷やされてでてくるのは，この酵素作用をおさえるためです．

AMP → （H₂O, NH₃, AMPデアミナーゼ）→ IMP

> **かいせつ**

# シグナル伝達

シグナル伝達は，細胞がまわりの変化を感知するためのしくみで，①受容，②伝達，③応答の三つのプロセスからなります．

① **受容**：細胞外からのシグナル分子が細胞膜の受容体タンパク質に結合します．シグナル分子には修飾アミノ酸，脂肪酸誘導体，ペプチド，タンパク質，ステロイドなどがあり，これらは「ファーストメッセンジャー」とも呼ばれています．受容体のほうは大きく，「Gタンパク質共役型受容体」と「受容体型チロシンキナーゼ」の2種類があります．Gタンパク質共役型受容体にシグナル分子が結合すると，細胞内のGタンパク質が活性化される例がよく知られています．

② **伝達**：シグナルの情報は「セカンドメッセンジャー」に引き継がれます．①で活性化されたGタンパク質は膜に沿って移動して，不活性なアデニル酸シクラーゼと結合しこれを活性化します．活性化された酵素は基質のATPからcAMPを生成します．このcAMPがセカンドメッセンジャーです．他に，cGMP，$Ca^{2+}$，イノシトールリン脂質系などがあります．活性化されたアデニル酸シクラーゼが細胞内に多数のcAMPを生みだすことで，ファーストメッセンジャーからの情報はcAMPを介して次のステップの酵素群に受け渡されます．cAMPはcAMP依存性プロテインキナーゼに結合してこれを活性化します．このような伝達プロセスを酵素カスケード（カスケードは「滝」の意味）といい，最初のシグナルが次々に増幅されるしくみになっています．

③ **応答**：情報伝達により活性化された酵素キナーゼは，細胞内での代謝を調節制御しているさまざまな酵素群をさらにリン酸化して活性化するか，逆に不活性化することでシグナルからの情報に応答します．他にも細胞骨格を再構成したり，遺伝子発現を変化させることで，シグナルのもつ情報に的確に答えるしくみが「シグナル伝達」です．

②や③のそれぞれのプロセスでシグナルの増幅が多段階に起こります．最初はわずか一滴だった水が滝のような流れとなって下流に伝わる様子に似ています．

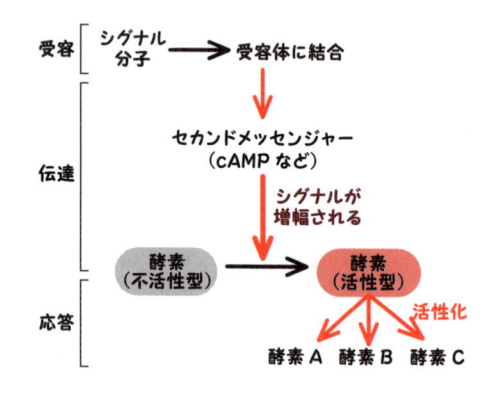

## 2. 核　酸

　核酸はヌクレオチドのポリマーです．核酸には遺伝子の本体であるDNA（deoxyribonucleic acid：デオキシリボ核酸）と，タンパク質合成のしくみのなかではたらくRNA（ribonucleic acid：リボ核酸）とがあります．DNA中の糖はデオキシ-D-リボースで，RNAではD-リボースです．塩基はDNAではアデニン（A），グアニン（G），シトシン（C），チミン（T）からなり，RNAではチミンの代わりにウラシル（U）が入っています．核酸の構造を図6-4に示しました．リン酸と糖の3′と5′の−OHが交互にエステル結合してポリヌクレオチド鎖をつくっています．

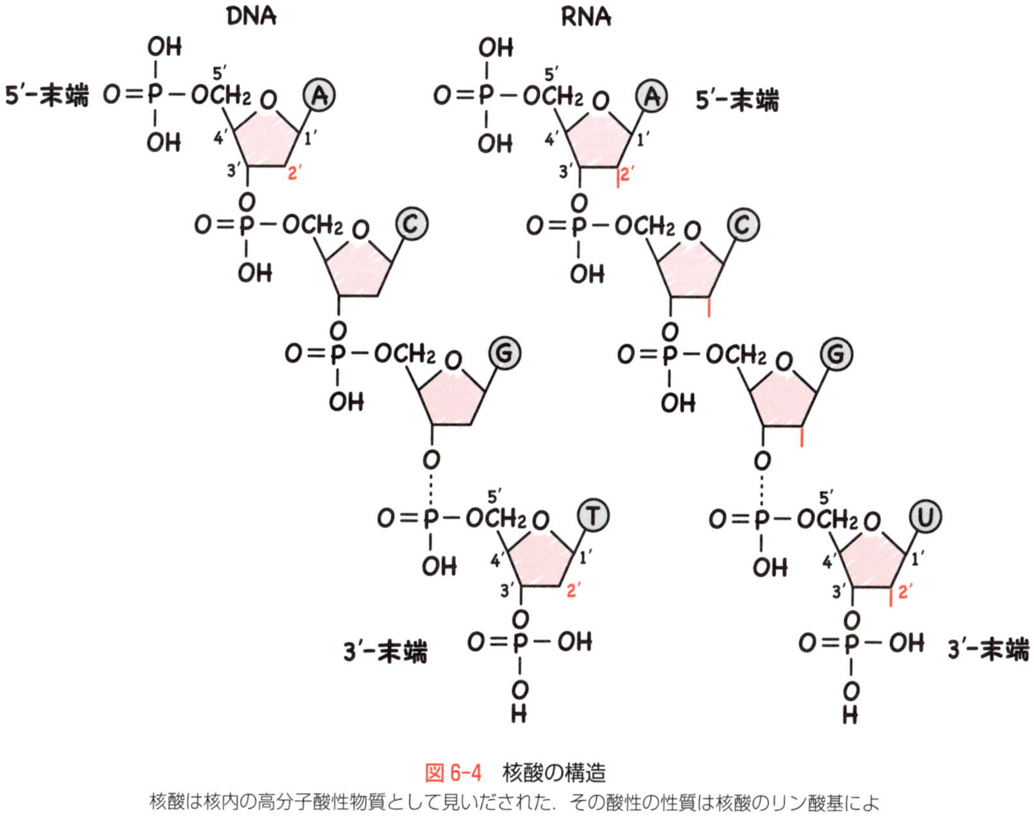

**図6-4　核酸の構造**

核酸は核内の高分子酸性物質として見いだされた．その酸性の性質は核酸のリン酸基によるものである．DNAとRNAの基本骨格は，糖の3′-OHと5′-OHがリン酸で交互にエステル結合でつながっている点は同じである．構成成分の五単糖がDNAではデオキシリボースで，RNAではリボースである点で異なり，また4種類で構成される塩基のうちアデニン，グアニン，シトシンは同じだが，残る一つがDNAではチミン，RNAではウラシルである点でも異なっている．ヌクレオチドの塩基部分と糖部分の位置を混同しないように，糖部分の炭素番号には「′」をつける．

DNAは2本の鎖が塩基を内側にしてらせん構造をとります（図6-5）．一方の鎖は下方へ（5'→3'），もう一方は上方へ（5'→3'）向いています．

2本のらせんのなかではAとT，CとGが向き合い，水素結合で引き合っています（図6-6）．DNAの塩基はA，T，G，Cの4種類で構成され，この並び方がタンパク質のアミノ酸配列の情報となります．もし塩基一つでアミノ酸1個を決めるとしたら，A，T，G，Cに対応するアミノ酸は4種類しか考えられません．二つの塩基の組合せでも，AA，AT，AG，ACのようにAとの組合せで4種類，T，G，Cも同様に考えると合計4×4＝16種類しかできず，タンパク質を構成する20種類のアミノ酸には足りません．少なくとも3個の塩基配列で1種類のアミノ酸を指定することが必要であり，実際に，塩基3個（トリプレット）で一つのアミノ酸の情報に対応しています（16章参照）．

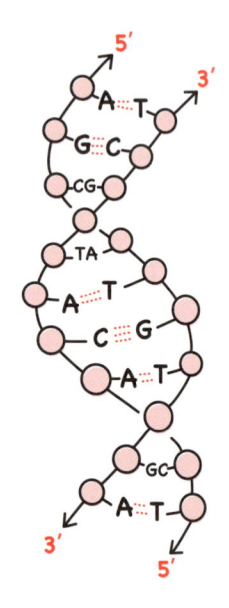

**図6-5　DNAの二重らせん構造**
それぞれのヌクレオチドポリマーで5'→3'の向きが逆になる．

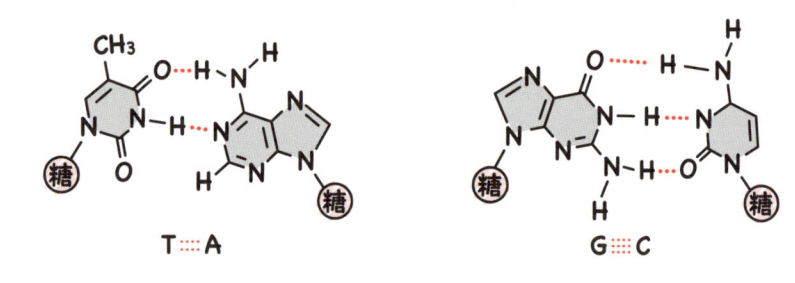

**図6-6　DNAの塩基対と水素結合**
AとT，GとCは水素結合でくっつく．AとC，GとTはくっつかない．

---

### 章末問題

（1）ヌクレオシドとヌクレオチドの違いは何か．
（2）ある植物から全DNAを単離して塩基組成を調べたところ，まずグアニン（G）の含有率が19％であることがわかった．残りの塩基組成はいくらか．
（3）制ガン剤5-フルオロウラシルの構造式を書け．
（4）pH 7におけるAMPの電離のようすを示す構造式を書け．
（5）8塩基からなるDNAの配列には何通りの種類があるか．
ヒント：3塩基では64通りである．
（6）温度を上げていくと二本鎖DNAが一本鎖になることを融解という．AT含量の多いDNAはGC含量の多いDNAより低い温度で融解する．なぜか．
（7）50ヌクレオチドの直鎖状ポリヌクレオチドに3'→5'リン酸ジエステル結合はいくつあるか．

# Part 2

# 生体分子の代謝

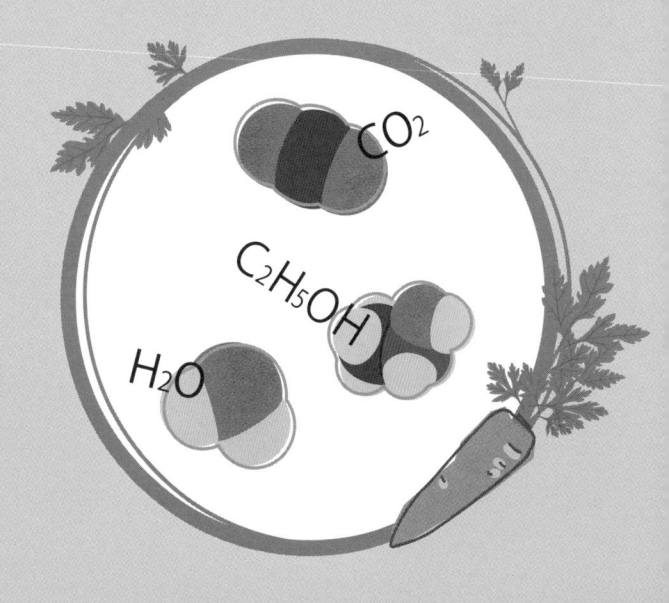

# 7章 解糖と発酵

酸素のないところでエネルギーをつくりだす

**この章で考える なぜ？**

- 食べたものがエネルギーに変わるしくみとは，どのようなものだろう？
- 生物にとって ATP が重要なのは，なぜだろう？
- 酵母がアルコールをつくるのは，なぜだろう？
- 生物の代謝は，どのようにして調節されているのだろう？

代謝(metabolism)は分解系(catabolism)と同化系(anabolism)にわけられますが，代謝を分解系として扱い，生合成(biosynthesis)と対比させる場合もあります．しかし代謝経路はある面からみると分解系でも，別の面からみると生合成系となる場合も多いのです．まず最も基本的なエネルギー生成反応である，糖の分解系からみていきましょう．

## 1. 解糖のエネルギー消費段階

▶解糖系全体の反応経路は本書の表紙裏をみてください．

解糖は，筋肉のように酸素が供給されにくい組織で行われる糖の分解です．この系の，グルコースからピルビン酸が生成されるまでの経路(解糖系)は"発酵"でも共通で，ほとんどすべての生物の代謝の基本経路です．

解糖は，グルコースがリン酸化される反応(式7.1)からスタートし，乳酸ができるまでの反応です．

**7.1**
hexokinase
ヘキソ キナーゼ
六炭糖 リン酸化酵素

\* 2章でも示したように，α-D-グルコースの閉環構造を式7.1のように簡単に書く．

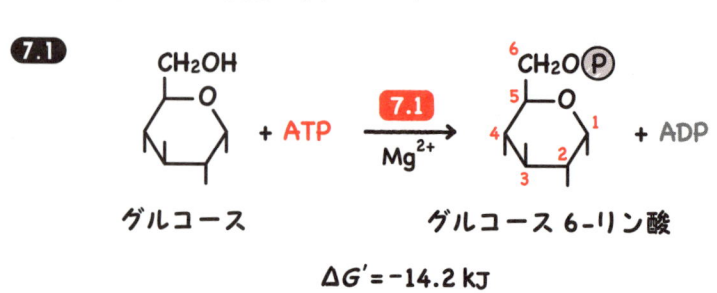

**7.1**

グルコース + ATP $\xrightarrow[Mg^{2+}]{7.1}$ グルコース 6-リン酸 + ADP

$\Delta G' = -14.2 \text{ kJ}$

## 1. 解糖のエネルギー消費段階

　式7.1では，ヘキソキナーゼが，ATP（p.55参照）とグルコースからグルコース6-リン酸をつくります．このときエネルギーの"お金"ATPは，リン酸をグルコースにわたしてADPとなります．このときの反応（ATP + H$_2$O $\longrightarrow$ ADP + H$_3$PO$_4$）では，pH 7で1 molあたり30.5 kJのエネルギーがでます．式7.1では，グルコースの6位の炭素の−OHにリン酸をエステル結合するために16.3 kJをつかうので，残りの14.2 kJがエネルギーとなって放出されます（これを$\Delta G'$といいます）．反応は右への一方通行で不可逆です．

　ヘキソキナーゼはグルコース以外のマルトースやフルクトースもリン酸化することができ，「ヘキソース（hexose：六炭糖）をリン酸化する」という名前になっています．このような酵素は，基質特異性が広い酵素と呼ばれます．一方，グルコースしかリン酸化しないグルコキ

＊$\Delta G'$は，25℃，1気圧の標準状態での左右すべての溶質濃度が1.0 M（ただしpHは7）の自由エネルギー変化です．$\Delta G'$が負の時，反応は右に進行してから平衡に達し，自由エネルギー変化がゼロになります．$\Delta G'$が正の時，通常，反応は右には進みません．

---

**Column**

## ATPはエネルギーのお金？

　細胞の構造（p.77参照）をみてもわかるように，生物はとても複雑にできています．この複雑な構造をつくるにも，維持するにもエネルギーが必要で，「酵母はなぜアルコールをつくるんだろう？」という問いに対する答えは，実はここにあります．

　酵母は糖を食べてアルコールをだします．糖（ブドウ糖）のエネルギーレベルとアルコール（エタノール）のエネルギーレベルでは糖のほうが高く，高いレベルから低いレベルに移るときにエネルギーが発生します．無生物の場合，ふつうこのエネルギーは熱となって拡散してしまいますが，生物のなかではこのエネルギーの一部を，仕事をするエネルギー（自由エネルギー＊）としていったん貯め，しかるべき時に使うことができます．そこで酵母は，生きるためにせっせとブドウ糖を食べてはエタノールをはきだして自由エネルギーをとりだし，自分の体をつくったりするためにつかいます．自由エネルギーをいろいろな仕事につかうために生物は，一度エネルギーのお金（ATP）に換えてつかいやすくする方法をとっています．ATPのリン酸無水結合の加水分解が容易にできるため，使いやすいのです．

＊自由エネルギー：内部エネルギーのうち，仕事に変えることのできるエネルギー．反応の前と後で物質の自由エネルギーが減少する場合，その減少したエネルギーが熱として反応系から失われる反応では，反応系外からエネルギーを供給しないかぎり，反応の逆行は起こらない．

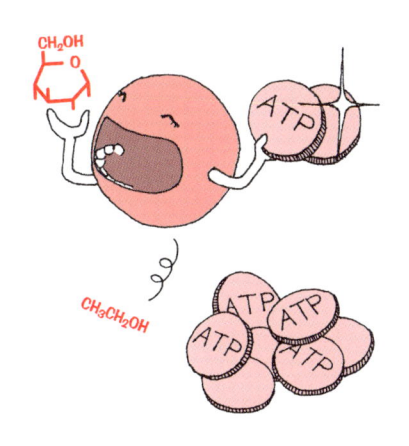

## かいせつ

## アロステリック酵素

ホスホフルクトキナーゼは，基質が反応する部位（酵素の活性中心）とは別の部位に物質を結合することで，反応を促進したり，逆に抑制したりできます．このような部位をアロステリック(allosteric)な部位といい，ホスホフルクトキナーゼには，クエン酸やATPが結合すると酵素活性が阻害されるアロステリック阻害部位と，AMPやフルクトース6-リン酸が結合して酵素活性が促進されるアロステリック活性化部位があります．たとえばクエン酸が細胞内にあることは，TCAサイクル（8章）でATPがたくさんできていることを意味するので，ホスホフルクトキナーゼを抑制して解糖系を止めます．

アロステリックな酵素の場合，酵素反応速度論の一般式であるミカエリス-メンテンの式（5章）にあわずに，グラフはシグモイド型（S字の形）になり，基質濃度[S]が低いところでは反応があまり進みません（図7-1a）．ところが活性化部位に活性化剤が結合すると，ミカエリス-メンテンの式に沿うようになり基質濃度[S]の低いところでも反応が進むようになります（図7-1b）．

一方，阻害部位に阻害剤が入ると，シグモイド型がさらに極端になり，基質濃度[S]の低いところではほとんど反応が進行しなくなります（図7-1c）．生体内では一般に基質濃度[S]が低いため，活性はアロステリックに調節されやすいのです．

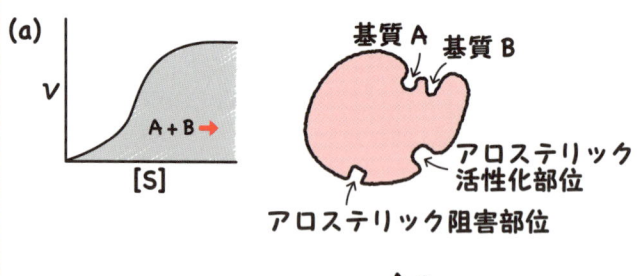

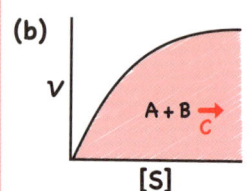

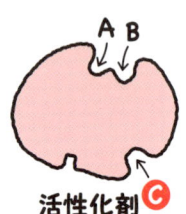

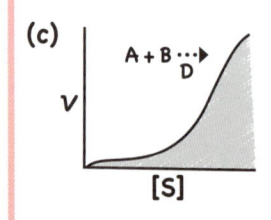

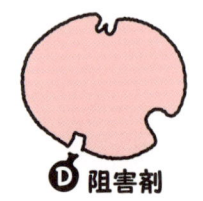

### 図7-1 アロステリックな酵素
アロステリックに調節される酵素においては，(a)活性化剤や阻害剤のないときは基質濃度[S]と反応速度 $v$ はシグモイド曲線を描く．(b)活性化剤の存在でアロステリックに活性化されると，酵素反応はミカエリス-メンテンの式に従う．(c)阻害剤の存在でアロステリックに阻害されると，[S]と $v$ のシグモイド曲線の度合いが大きくなる．このように，生体内の基質濃度が低いとき，その基質濃度での酵素活性は活性化剤や阻害剤の存在に大きく左右される．

### アロステリック効果
アロは「異なる」，ステリックは「立体的な」という意味．代謝経路のフィードバック制御の一つで，経路の比較的はじめの反応を触媒する酵素の活性が，その酵素の基質と立体構造が異なる（アロステリックな）代謝産物によって阻害または活性化されること．

### フィードバック制御
機械工学の自動制御の仕組みの一つで，出力回路の末端に過大あるいは過小なレベルの情報が流れた場合に，末端から先端にこれを調節する信号が送られて出力が適正なレベルに是正される機構．生体内の酵素反応においてもこのような調節機構がはたらき，代謝調節において重要な役割をはたしている．

# 1. 解糖のエネルギー消費段階

ナーゼという酵素も別にあり，このような酵素は基質特異性が高いといいます．

**7.2**

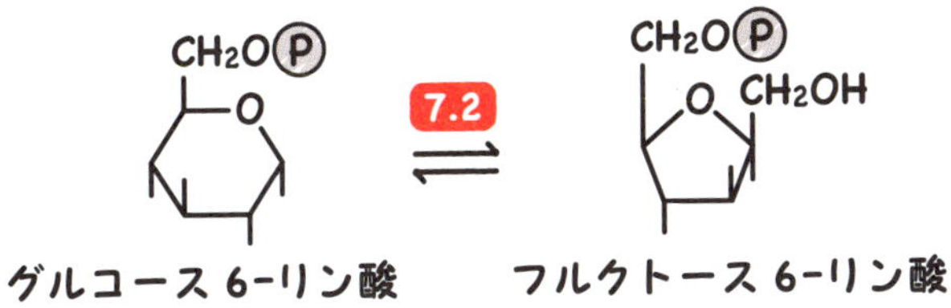

グルコース 6-リン酸 ⇌ フルクトース 6-リン酸

$\Delta G' = +1.7\,kJ$

**7.2**
glucose phosphate isomerase
グルコースホスフェート
　グルコース-リン酸
イソメラーゼ
　異性化酵素

次の式7.2では，グルコースホスフェートイソメラーゼにより，グルコース6-リン酸はフルクトース6-リン酸に異性化されます．グルコースホスフェートイソメラーゼとは別に，マルトースホスフェートイソメラーゼによる反応もあり，式7.1の酵素との組合せで，マルトースも解糖系に入ります．

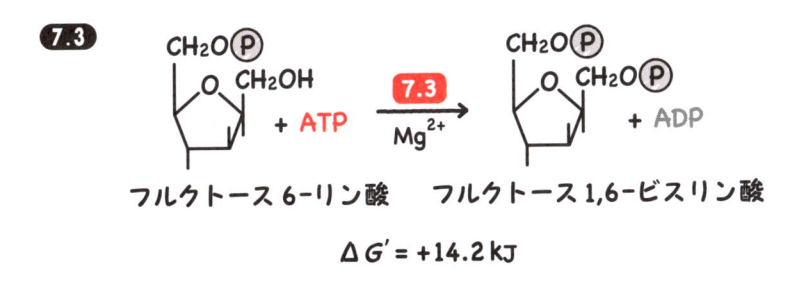

**7.3**

フルクトース 6-リン酸 + ATP $\xrightarrow{Mg^{2+}}$ フルクトース 1,6-ビスリン酸 + ADP

$\Delta G' = +14.2\,kJ$

**7.3**
phosphofructokinase
ホスホフルクト　キナーゼ
　フルクトース-リン酸　リン酸化酵素

### ONE POINT

**転化糖**

トウモロコシデンプンを加水分解してできるグルコースの一部を，グルコースイソメラーゼ（glucose isomerase）という酵素でフルクトースに変えたものが，グルコースとフルクトースの混合糖として使われている．フルクトースはスクロースより甘くカロリーは重量あたり同じなので，ダイエット糖になる．

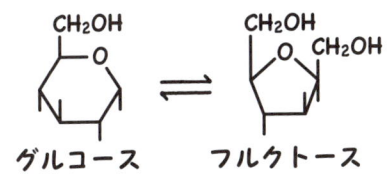

グルコース ⇌ フルクトース

続く式7.3では，ホスホフルクトキナーゼにより，フルクトース6-リン酸をATPでさらにリン酸化して，フルクトース1,6-ビスリン酸にします．この酵素反応も逆行せず，解糖系を調節するカギになります．

**7.4**

フルクトース 1,6-ビスリン酸 → D-グリセルアルデヒド 3-リン酸 + ジヒドロキシアセトンリン酸

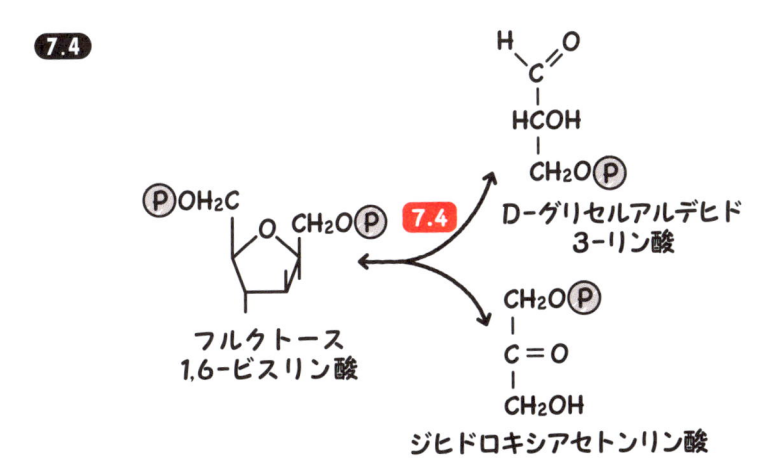

**7.4**
aldolase
アルドラーゼ
　アルドース化酵素

式7.4では，アルドラーゼにより，ケトースであるフルクトース1,6-ビスリン酸(Fru-1,6-bisP)が，アルドースのD-グリセルアルデヒド3-リン酸(Glyald-3-P)とケトースのジヒドロキシアセトンリン酸(DHA-P)になります．この反応の $\Delta G'$ は $+23.8\,\text{kJ/mol}$ になり，この反応の平衡定数は

$$K_{eq} = \frac{[\text{Glyald-3-P}][\text{DHA-P}]}{[\text{Fru-1,6-bisP}]} = 10^{-4}$$

で，式7.4は右側に進みにくいように思えます．実際，フルクトース1,6-ビスリン酸が0.1 M のとき，

$$K_{eq} = \frac{[3\times 10^{-3}][3\times 10^{-3}]}{[9.7\times 10^{-2}]} \fallingdotseq 10^{-4}\,\text{M}$$

となり，97%はフクルトース1,6-ビスリン酸のままで，3%しかD-グリセルアルデヒド3-リン酸とジヒドロキシアセトンリン酸に変わりません．一方，生体内のように濃度が $10^{-4}$ M の場合は

$$K_{eq} = \frac{[6\times 10^{-5}][6\times 10^{-5}]}{[4\times 10^{-5}]} \fallingdotseq 10^{-4}$$

となり，60%がD-グリセルアルデヒド3-リン酸とジヒドロキシアセトンリン酸に変わります．

**7.5**
triosephosphate isomerase
トリオースホスフェート
三炭糖一リン酸
イソメラーゼ
異性化酵素

**7.5**

ジヒドロキシアセトンリン酸 ⇌(7.5) D-グリセルアルデヒド3-リン酸

式7.5では，トリオースホスフェートイソメラーゼにより，式7.4で生じたジヒドロキシアセトンリン酸をD-グリセルアルデヒド3-リン酸にします．これでグルコース1分子から，D-グリセルアルデヒド3-リン酸が2分子できました．ここまでがエネルギー生成の準備段階で，ATP 2分子を消費しています．

## 2．解糖のエネルギー生成段階

さて，では解糖系の後半の反応をみていきましょう．ここからの反応ではじめて高エネルギーのリン酸化合物ができます．

## 2. 解糖のエネルギー生成段階

**7.6**

$$\underset{\text{グリセルアルデヒド}\atop\text{3-リン酸}}{\begin{array}{c}\text{H}-\overset{\text{O}}{\overset{\|}{\text{C}}}\\ \text{HCOH}\\ \text{CH}_2\text{O}\text{-}\text{P}\end{array}} + \text{NAD}^+ + \text{H}_3\text{PO}_4 \;\overset{7.6}{\rightleftharpoons}\; \underset{\text{1,3-ビスホスホグリセリン酸}}{\begin{array}{c}\overset{\text{O}}{\overset{\|}{\text{C}}}-\text{O}\text{-}\text{P}\\ \text{HCOH}\\ \text{CH}_2\text{O}\text{-}\text{P}\end{array}} + \text{NADH} + \text{H}^+$$

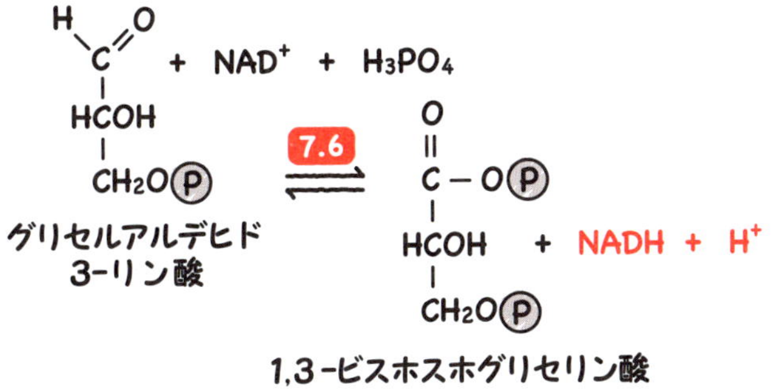

**7.6**
glyceraldehyde-3-phosphate dehydrogenase
グリセルアルデヒド
 グリセルアルデヒド
-3-ホスフェート
 3-リン酸
デヒドロゲナーゼ
 脱水素酵素

式7.6では，グリセルアルデヒド-3-ホスフェートデヒドロゲナーゼにより，グリセルアルデヒドのアルデヒド基（−CHO）をカルボキシ基（−COOH）に酸化します．図7-2に反応プロセスを示しました．

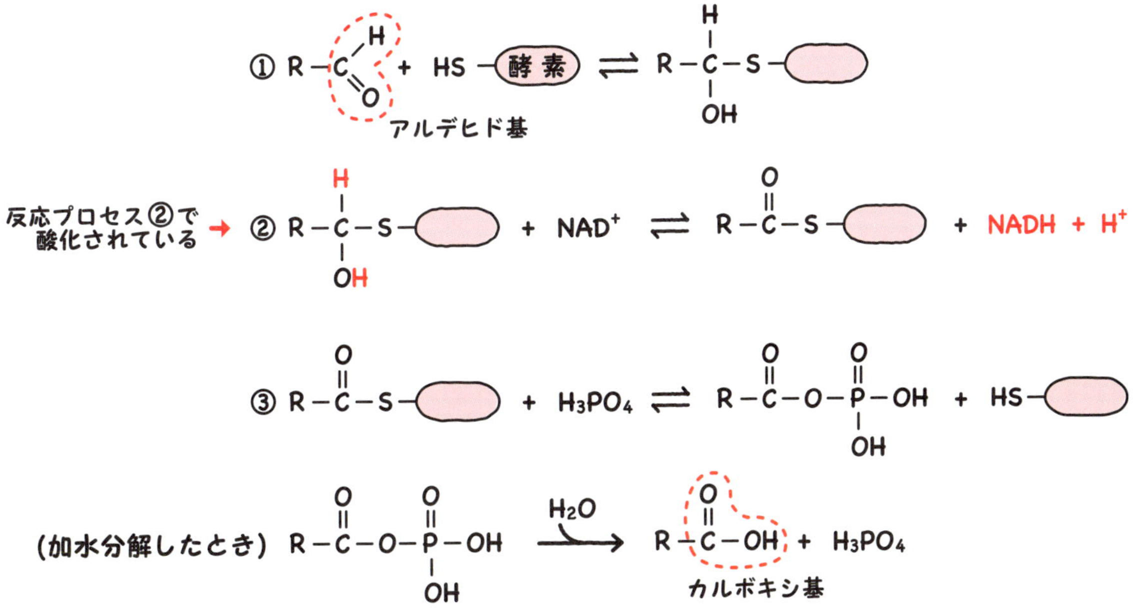

**図 7-2 式7.6の反応プロセス**

基質のグリセルアルデヒド3-リン酸のアルデヒド基は，① グリセルアルデヒド-3-ホスフェートデヒドロゲナーゼのなかの活性中心のチオール基（−SH）と結合し，② NAD$^+$ に水素をわたして，酵素・基質複合体は酸化される．③ 酸化された複合体はリン酸（H$_3$PO$_4$）で加リン酸分解され，リン酸化された生成物ともとの酵素にもどる．リン酸化された生成物を加水分解してみると，基質のアルデヒド基（−CHO）が生成物ではカルボキシ基（−COOH）となり，酸化されていることがわかる．

## Column

## アタリメと NAD$^+$

　代謝経路の反応系のうち，酸化還元反応によくでてくる物質として NAD$^+$(nicotinamide adenine dinucleotide)があります．アルコール発酵では，式7.6のように，NAD$^+$ が関与して相手から水素を奪い(酸化)，自分は NADH + H$^+$ となります(還元)．また式7.11や7.13では NADH + H$^+$ は，相手に水素をわたして(還元)，自分は NAD$^+$ にもどります(酸化)．このように NAD$^+$ は水素を運ぶ運搬船(シャトル)の役目をもっています．このような補酵素(p.78参照)は細胞中にほんの少ししかいりませんが，とても大切な役割をもっています．

　アルコールをよく飲む人は NAD$^+$ の消費がはやいといえます．これは，エタノールを $CO_2$ と $H_2O$ に分解するときの酵素系の多くに補酵素 NAD$^+$ がつかわれるためです．NAD$^+$ はその構造中にビタミンの一種であるニコチン酸アミド(ナイアシンアミド)を含んでいます．さまざまな酵素の補因子はそのなかにいろいろなビタミンを含むため，ヒトにはビタミンが必要なのです．

　ところで演歌「舟歌」の一節に「肴はあぶったイカでいい〜」とありますが，スルメには多量のニコチン酸アミドが含まれています．関西ではお金をスルとの意味で避けて，スルメのことをアタリメといいますが，こういった理由で酒の肴にスルメはまさにアタリメなのです．

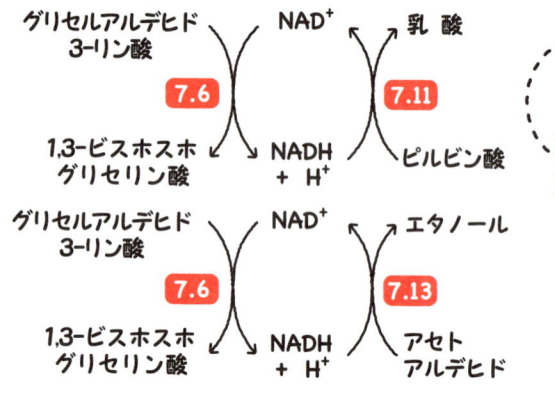

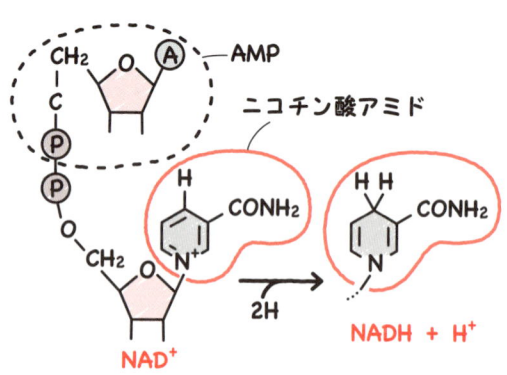

### ニコチン酸
ナイアシンとも呼び，欠乏すると口内炎になりやすくなるビタミンです．とくに肝臓，肉，豆類，生野菜などに多く含まれます．

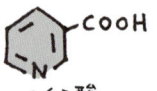

**VITAMIN ONE POINT**

ニコチン酸（ナイアシン）

ニコチン酸アミド（ナイアシンアミド）NAD$^+$の一部

## 2. 解糖のエネルギー生成段階

**7.7**

$$\text{1,3-ビスホスホグリセリン酸} + \text{ADP} \underset{Mg^{2+}}{\overset{7.7}{\rightleftharpoons}} \text{3-ホスホグリセリン酸} + \text{ATP}$$

**7.7**
phosphoglycerate kinase
ホスホグリセレート
グリセリン酸―リン酸
キナーゼ
リン酸化酵素

式7.7では，ホスホグリセレートキナーゼにより，1,3-ビスホスホグリセリン酸とADPから，ATPを生成します．1位の炭素にアシルリン酸結合しているリン酸は，加水分解すると大きなエネルギーをだす高エネルギー化合物であり，このエネルギーをつかってリン酸をADPにくっつけるのです．

この酵素の名前は式7.7の左向きの反応の意味になっています．これは，酵素の常用名が測定する方法などから由来していることが多いためです．また実際に11章の糖新生がはたらく経路では，この酵素は左向きに反応を進行させます．

### ONE POINT

**～エート(-ate)**

～エート(-ate)の語尾で，「～酸を」という形容詞形になる．たとえばグリセレート(glycerate)はグリセリン酸を(の)，ピルベート(pyruvate)はピルビン酸を(の)，シトレート(citrate)はクエン酸を(の)という意味になる．

**7.8**

$$\text{3-ホスホグリセリン酸} \overset{7.8}{\rightleftharpoons} \text{2-ホスホグリセリン酸}$$

**7.8**
phosphoglyceromutase
ホスホグリセロ
グリセリン酸―リン酸
ムターゼ
分子内転移酵素

リン酸を分子内転移させる酵素をホスホムターゼといい，そのほかにアミノ基を転移するアミノムターゼ，アセチル基を転移するアセチルムターゼなどがあります．

式7.8では，ホスホグリセロムターゼにより，3-ホスホグリセリン酸の3位の炭素に結合しているリン酸を，2位の炭素の -OH に移します．

**7.9**

$$\text{2-ホスホグリセリン酸} \underset{Mg^{2+}}{\overset{7.9}{\rightleftharpoons}} \text{ホスホエノールピルビン酸 (PEP)} + H_2O$$

**7.9**
enolase
エノラーゼ
エノール(−C=C−)化酵素

式7.9では，エノラーゼにより，2-ホスホグリセリン酸から水を除いてホスホエノールピルビン酸(PEP)にします．2-ホスホグリセリン酸はそうでもありませんが，PEPは高エネルギー化合物です．これは，両方の化合物のリン酸を実際に加水分解してみるとよくわかります．前者を加水分解してグリセリン酸を生じてもそのエネルギーはあまり大きくありません．一方，PEPは加水分解でエネルギーを放出

してピルビン酸を生成します．グリセリン酸よりもピルビン酸のほうがエネルギー準位が低いのは，分子内酸化還元*が起きているためです．

\* 下記の「かいせつ」参照．

**7.10** pyruvate kinase
ピルベート キナーゼ
ピルビン酸 リン酸化酵素

**7.10**
$$\begin{array}{c} COOH \\ | \\ C-O\text{\textcircled{P}} \\ \| \\ CH_2 \end{array} + ADP \xrightarrow[\substack{Mg^{2+} \\ K^+}]{7.10} \begin{array}{c} COOH \\ | \\ C=O \\ | \\ CH_3 \end{array} + ATP$$

PEP   ピルビン酸
$\Delta G' = -25.5\,\text{kJ}$

式7.10では，ピルベートキナーゼにより，PEPをピルビン酸にするとともに，PEPのリン酸基をADPに移してATPを生成します．酵素名は左向きの反応名ですが，生体の組織では右向きの反応だけで逆行できません．PEPは高エネルギー化合物であり，ATPが生成されてもさらに右向きの反応の際にエネルギーを放出できるためです．

**7.11** lactate dehydrogenase
ラクテート
乳酸
デヒドロゲナーゼ
脱水素酵素

**7.11**
$$\begin{array}{c} COOH \\ | \\ C=O \\ | \\ CH_3 \end{array} + NADH + H^+ \underset{}{\overset{7.11}{\rightleftarrows}} \begin{array}{c} COOH \\ | \\ HOCH \\ | \\ CH_3 \end{array} + NAD^+$$

ピルビン酸   乳酸
$\Delta G' = -25.1\,\text{kJ}$

---

### かいせつ

## 分子内酸化還元

$C_6H_{12}O_6 + 2ADP + 2H_3PO_4 \longrightarrow$
ブドウ糖

$\quad 2C_2H_4(OH)COOH + 2ATP + 2H_2O$
乳酸

解糖は乳酸発酵の反応と同じです．この反応で，どうしてエネルギーができるのでしょうか．グルコースの構造をみると，基本構造が$(-HCOH-)_n$であり($n$は繰返しという意味)，両端はアルデヒド基($-CHO$)とヒドロキシメチル基($-CH_2OH$)になっています．ところが乳酸では，両端がカルボキシ基($-COOH$)とメチル基($-CH_3$)になり，両端のうち，カルボキシ基($-COOH$)がより酸化され，メチル基($CH_3-$)がより還元された形になっています．グルコースの組成式$C_6H_{12}O_6$の半分が乳酸の組成式$C_3H_6O_3$ですが，その構造から分子内酸化還元反応が起きていることがわかります．グルコースが酸素で酸化されて二酸化炭素と水にまで分解される反応ほどではありませんが，この分子内酸化還元反応でもエネルギーができます．

アルコール発酵でエタノールが生成する場合は，酸化されたCOOHの部分をCO$_2$として切りはなしています．乳酸を切断して，より還元された部分(エタノール)とより酸化された部分(二酸化炭素)にわけたのがエタノール発酵であるといえます．

$C_6H_{12}O_6 + 2ADP + 2H_3PO_4 \longrightarrow$
ブドウ糖

$\quad 2C_2H_5OH + 2CO_2 + 2ATP + 2H_2O$
エタノール

式7.11では，ラクテートデヒドロゲナーゼにより，ピルビン酸を乳酸に還元します．このときの還元剤には式7.6で生成したNADH＋$H^+$をつかいます．pH7の標準状態では，平衡は乳酸生成の方向に強く傾いていますが，pHが8以上になると，この酵素名のように乳酸を脱水素する反応も可能です．それは反応に[$H^+$]が関与しているためで，アルカリ側では[$H^+$]濃度が低く，NADH＋$H^+$を生成するほうに平衡が偏るのです．

これで筋肉などのなかで起きる解糖の反応機構の説明は終わりです．

## 3．発 酵

次に，酵母などがお酒をつくる反応である「アルコール発酵」について説明します．式7.1から式7.10までの反応は解糖とほぼ同じで，その後の経路をこれから説明します．

**7.12**

$$\underset{\text{ピルビン酸}}{\begin{array}{c} COOH \\ | \\ C=O \\ | \\ CH_3 \end{array}} \xrightarrow[\text{TPP}]{\underset{Mg^{2+}}{7.12}} \underset{\text{アセトアルデヒド}}{\begin{array}{c} H\,\,C=O \\ | \\ CH_3 \end{array}} + CO_2$$

**7.12**
pyruvate decarboxylase
ピルベート
　ピルビン酸
デカルボキシラーゼ
　脱炭酸酵素

式7.12ではピルベートデカルボキシラーゼにより，ピルビン酸をアセトアルデヒドにします．多くの脱炭酸反応と同様にこの反応も不可逆です．この酵素には補因子としてTPP（チアミンピロリン酸）が含まれています．

### 🌸 VITAMIN ONE POINT

**ビタミン$B_1$（チアミン）**

ビタミン$B_1$は玄米に多く含まれ，その欠乏症として脚気が知られています．チアミンの右端にピロリン酸がつくとTPP（チアミンピロリン酸）となり，酵素に結合して補因子としてはたらきます．

**7.13** alcohol dehydrogenase
アルコール
デヒドロゲナーゼ
脱水素酵素

**7.13**
$$\text{CH}_3\text{CHO} + \text{NADH} + \text{H}^+ \underset{7.13}{\rightleftharpoons} \text{CH}_3\text{CH}_2\text{OH} + \text{NAD}^+$$

アセトアルデヒド　　　　　　　　　　　　エタノール

---

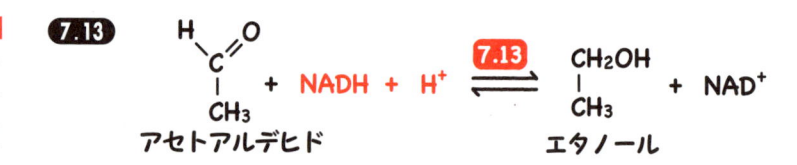

## Column: ワインのまろみはなぜできる？

　イチジク浣腸の材料にもなるグリセロール（グリセリン）は，ヒドロキシ（-OH）を多くもつ化合物で，ワインなどの醸造酒にもたくさん含まれており，ワインの良し悪しを決める要因の一つになっています．ワイングラスにワインを注ぎ，グラスを傾けてから水平にもどすときに，グラスの内面からのワインの引き方でまろやかさがわかります．良質のワインではグリセロールが多く，柔らかさと厚みがあるそうです．

　では，なぜ酒にグリセロールが含まれるのでしょう．第一次大戦前，エタノール発酵時に亜硫酸ソーダ（$Na_2SO_3$）を加えると，グリセロールが大量に生成することがすでにドイツで見いだされていました．大戦中，ドイツはこの方法でグリセロールを得てニトログリセリンを合成し，爆薬を製造したのです．この方法では，アルデヒド捕捉剤である$Na_2SO_3$がアセトアルデヒドと反応するため，エタノールを生成する式7.13の反応が起こらず，下記の式7.14と式7.15からグリセロールが生成します．

　式7.14のNADH＋$H^+$は式7.6の反応で生成したもので，ジヒドロキシアセトンリン酸に水素をわたしてNAD$^+$にもどります．つまりアルデヒド捕捉剤がなくても，エタノール発酵中にはこのような経路で一部グリセロールが生成するため，酒に柔らかみが生まれるのです．

**7.14**
$$\begin{array}{c}\text{CH}_2\text{OH}\\|\\\text{C}=\text{O}\\|\\\text{CH}_2\text{O}\text{\textcircled{P}}\end{array} + \text{NADH} + \text{H}^+ \underset{7.14}{\rightleftharpoons} \begin{array}{c}\text{CH}_2\text{OH}\\|\\\text{HOCH}\\|\\\text{CH}_2\text{O}\text{\textcircled{P}}\end{array} + \text{NAD}^+$$

ジヒドロキシアセトンリン酸　　　　　Sn-グリセロール 3-リン酸

**7.15**
$$\begin{array}{c}\text{CH}_2\text{OH}\\|\\\text{HOCH}\\|\\\text{CH}_2\text{O}\text{\textcircled{P}}\end{array} + \text{H}_2\text{O} \xrightarrow{7.15} \begin{array}{c}\text{CH}_2\text{OH}\\|\\\text{HOCH}\\|\\\text{CH}_2\text{OH}\end{array} + \text{H}_3\text{PO}_4$$

Sn-グリセロール 3-リン酸　　　　　グリセロール

グリセロール発酵の反応の収支

$$C_6H_{12}O_6 + Na_2SO_3 + H_2O \longrightarrow C_3H_5(OH)_3 + CH_3CHO \cdot NaHSO_3 + NaHCO_3$$

式7.13では，アルコールデヒドロゲナーゼにより，アセトアルデヒドが還元されてエタノールが生成します．酵素名は左向きの反応を意味しており，アルコールを飲むと，この酵素がはたらいてアルコールをアセトアルデヒドにまず酸化します．

酵母が行うアルコール発酵のほかに，乳酸菌が糖（乳糖）から乳酸をつくる「乳酸発酵」もあります．牛乳に乳酸菌を入れるとヨーグルトになるのはこのためです．また，動物の筋肉でも糖が乳酸にまで分解される反応が進んだり，酸素がたりないと植物でも糖をアルコールにしたり，ジャガイモでは乳酸がたまったりします．これらの反応は酸素欠乏の条件（嫌気条件）で起きる一連の反応系で，グルコースがエタノールになるか（式7.12），乳酸になるか（式7.11）は最後の反応だけが違っていて，それ以外（式7.1から7.10)は同じです*．

† ここまでの解糖とアルコール発酵の代謝経路を表紙裏の代謝マップ①にまとめてあります．

* この反応系は解糖系と呼ばれ，この発見にかかわった人の頭文字から EMP（Embden-Meyerhof-Parnus：エムデン-マイヤーホフ-パルナス）経路とも呼ばれています．

## 4．解糖系でできる ATP

グルコース1分子あたり式7.1と式7.3でそれぞれ ATP 1分子がつかわれて，式7.7と式7.10でそれぞれ ATP 1分子が生成されます．それで差し引きゼロとなるかというとそうではありません．式7.4でグルコース1分子からグリセルアルデヒド3-リン酸が2分子できるため，グルコース1分子あたり，−1ATP − 1ATP ＋ 2ATP ＋ 2ATP で合計＋2ATP となります．酵母や乳酸菌は，嫌気条件ではグルコース1分子を食べてエタノール2分子や乳酸2分子をはきだし，そのときに得る ATP2分子ですべての生活のエネルギーをまかなうことになります．

---

### 章末問題

（1）果糖（フルクトース）を静脈に注射すると血液中の乳酸濃度は通常の2〜5倍に上昇するが，ブドウ糖（グルコース）ではあまり上昇しない．なぜか．

（2）モノヨード酢酸（$ICH_2COOH$）はグリセルアルデヒド3-リン酸デヒドロゲナーゼの阻害剤として知られている．もし，D-グルコースを唯一の基質とする肝細胞にこの化合物を加えると，解糖系の中間体の濃度はどのような影響を受けるか．

（3）次の酵素の一般的反応を説明せよ．
　（a）ムターゼ，（b）エピメラーゼ，
　（c）キナーゼ，（d）イソメラーゼ

（4）解糖系で最初に高エネルギー化合物ができる反応を構造式を使って書け．また酵素名も答えよ．

## お酒のできるまで⑤

現在，日本ではどぶろくをつくることは酒税法で禁止されています．しかし生化学の黎明期は，発酵の研究なしには語れません．そこでどぶろくづくりにおける先人の知恵を，ここまで生化学を学んできた目でみてみましょう．

〈どぶろくのつくり方〉

① 容器に水一升と麹二合を入れてかき混ぜ，そこに布袋に入れた米一升を浸し，4〜5℃の場所におきます．水は水道水を一晩おいたくみおきの水をつかいます．水道水のカルキは発酵の妨げです．

② 5日後ぐらいで酸味が強くなってきたら，15℃から20℃くらいの部屋に移します．

③ 移してからさらに3日後，甘いにおいがしてきたら，布袋から米一升をとりだし，洗ってから蒸します．デンプンを$\alpha$化して，アミラーゼをはたらきやすくするためです．親指と人差し指で力を入れてつぶれるくらいの堅さにします．麹二合入りの水（酒母：モト）はとっておきます．

④ カメに水三升に麹一升と，人肌に冷ました蒸し米二升を入れ，さらに前述の蒸し米一升とモトを仕込み，かきまわします．カメは新聞紙などでふたをしておきます．このとき，水が米の上にあがらないようにします．水が多すぎると早湧きして酸っぱくなってしまいます．ここがポイントです．

⑤ 4，5日後から湧きはじめるのでかきまぜて水加減をみます．5，6日目から試飲してみるとよいでしょう．はじめは甘く，しだいに辛くなっていき，糖がアルコールに変化していくのがわかります．辛みが止まればできあがりです．アルコールがある程度以上になると発酵は止まります．10日ほどでどぶろくの完成です．

⑥ 清酒にしたいときは，モロミを布袋に入れて口をしばります．重石をのせるか，つりあげて下に受け皿をおいておくと翌日には清酒（新酒）がたまっているはずです．袋のなかには酒粕ができています．

⑦ 新酒を55〜60℃の温度で加熱します．この加熱により，液中の悪性菌（火落ち菌*）が死ぬと同時に，香味を調和して深みのある味わいとなります．

生米には籾にいた酵母が付着しています．モトつくりに生米をつかうのは，この酵母をつかうためです．麹は蒸し米と麹菌（カビの一種）からつくるため，麹ではすでにデンプンが糖化されています．このため麹を入れると生米についた酵母菌が繁殖してモトができあがります．モトつくりはいわば酵母の大量培養です．

雑菌の繁殖をおさえ，酵母だけをどのように培養するか，これがモトつくりの秘密でもあります．低い温度で繁殖できる乳酸菌がまず繁殖して，①で乳酸をつくりだします．このときほかの雑菌は低温では繁殖できず，またできた乳酸でpHが3程度にまで下がることで死滅します．ところが酵母菌は酸性に強く，低温で繁殖はしないものの死滅することなく生きています．次に時間をかけて，ゆっくり温度を上げると酵母菌が繁殖します．温度が上がると乳酸菌の酸性度に対する抵抗性がなくなり，自分のだした乳酸により死滅します．結果として酵母菌のみの大量培養液（モト）ができあがります．

---

*火落ち菌（*Lactobacillus* の仲間）：乳酸菌の一種で，15%以上の高エタノール存在下でも生育する．清酒中で生育すると白濁，異臭を発生して酒が飲めなくなる．このことを「火落ちする」という．

# 8章 TCAサイクルと電子伝達系

酸素のあるところでたくさんのエネルギーをつくりだす

### この章で考える なぜ？

- なぜ，私たちは酸素を体内に取り込むのだろう？
- ミトコンドリアの内部がひだ状の膜で仕切られているのは，なぜだろう？
- 二日酔いで頭痛がしたり気分が悪くなるのは，なぜだろう？
- 山で遭難した人にブランデーを飲ませるのは，なぜだろう？

## 1. TCAサイクル

酵母は，酸素のないところ（嫌気条件）ではグルコース（ブドウ糖）1分子からエタノール2分子を生成し，そのときにできるATP2分子のエネルギーですべての生活をまかないます．しかし，酸素が十分にあるところ（好気条件）ではグルコース1分子から32ATPを生みだすことができます．つまり，このエネルギー生成の効率は，嫌気条件の16倍となります．

**嫌気条件**

$$\underset{\text{グルコース}}{C_6H_{12}O_6} + 2ADP + 2H_3PO_4 \longrightarrow 2\underset{\text{エタノール}}{C_2H_5OH} + 2CO_2 + 2ATP + 2H_2O$$

**好気条件**

$$\underset{\text{グルコース}}{C_6H_{12}O_6} + 6O_2 + 32ADP + 32H_3PO_4 \longrightarrow 6CO_2 + 32ATP + 38H_2O$$

式7.10で生成したピルビン酸は，好気条件ではTCAサイクル（tricarbonic acid cycle：トリカルボン酸サイクル）に入り，$CO_2$と$H_2O$に完全に分解されます．酵母でもヒトでも，酸素が十分に供給される細胞では，グルコースは解糖系でピルビン酸にまで分解されたあと，ピルベートデヒドロゲナーゼによりアセチルCoAとなり，TCA

### クエン酸回路

TCAサイクル（トリカルボン酸サイクル）をクエン酸回路ともいう．オキサロ酢酸（ジカルボン酸）とアセチルCoAからクエン酸（トリカルボン酸）が合成されて回路（サイクル）がはじまるため，こう呼ばれる．また，TCAサイクルは発見者のハンス・クレブスにちなんでクレブスサイクルとも呼ばれているが，彼自身はトリカルボン酸サイクルと呼んでいた．

サイクルで$CO_2$と$H_2O$にまで分解されます（表紙裏の代謝マップ①参照）. 解糖系＋TCAサイクルは代謝経路のメインストリートです. 解糖系の反応は細胞質で行われますが, TCAサイクルの反応はミトコンドリアで行われます（図8-1）.

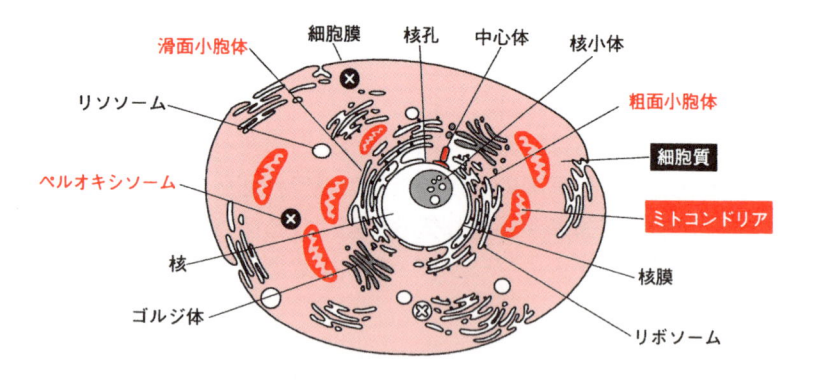

図8-1 動物細胞の模式図

それでは, TCAサイクルのそれぞれの反応をみていきましょう.
まず, 解糖系で生成されたピルビン酸がアセチルCoAになります.

## Column アルコールは高カロリー？

1860年ごろ, グルコース（ブドウ糖）をすみやかに消費する細胞（酵母）を含む液に酸素を吹き込むと, グルコースの消費が激減する現象（パスツール効果）を, ルイ・パスツールがはじめて報告しました. このことは嫌気条件と好気条件でのグルコース1分子からのATP生成量を比較すれば理解できます. これは薄利多売の安売りマーケットと高級専門店の違いのようなもので, 酵母も酸素の少ないところではグルコースを必死になって食いあさり, アルコールをばんばん放出することでエネルギーを確保しようとします.

アルコール発酵で得られるエネルギーが少ないということは, つまりグルコースからエタノールができても, このエタノールにはまだまだエネルギーがたくさん残っているということなのです. スイスの山岳地帯で遭難者を助けるセント・バーナード犬は, 首にブランデーの小さな樽をぶら下げています. アルコールは飲むと1分で熱源となりうる飲み物で, 1gあたり31.4 kJの熱を放出します.

## 1. TCAサイクル

**8.1**
$$CH_3-\underset{\underset{O}{\|}}{C}-COOH + NAD^+ + CoA-SH$$

$$\xrightarrow[\substack{TPP \\ リポ酸 \\ FAD \\ Mg^{2+}}]{8.1} CH_3-\underset{\underset{O}{\|}}{C}-S-CoA + NADH + H^+ + CO_2$$

ピルビン酸 → アセチルCoA

$\Delta G' = -33.5 kJ$

式8.1では，ピルベートデヒドロゲナーゼにより，アセチルCoAが生成します．ここでピルビン酸のメチル基（$-CH_3$）の炭素を赤字で，ケト基（$-CO-$）の炭素を白字で示して，この炭素がどのようにTCAサイクルに入っていくかを追跡してみることにします*．CoAはCoenzyme Aあるいは補酵素Aと呼ばれ，アセチル基がつくとアセチルCoAという化合物になります．アセチルCoAは活性酢酸とも呼ばれています．

ピルベートデヒドロゲナーゼは複合体を形成しており，分子量は300万以上にもなる巨大な酵素です．この酵素の反応には補因子（cofactor）としてCoAのほかに，$NAD^+$，TPP（チアミンピロリン酸），FAD（flavin adenine dinucleotide），リポ酸，$Mg^{2+}$が必要です．ピルビン酸がこの酵素複合体で脱炭酸されるとき，ピルビン酸中の水素はリポ酸→FAD→$NAD^+$へ順にわたされます．そしてアセチルCoAがTCAサイクルに入ります．

---

### 🌟 VITAMIN ONEPOINT

**パントテン酸と補酵素A（CoA）**

多くの食物に含まれています．また腸内細菌も合成するため，ふつう欠乏症は起きません．

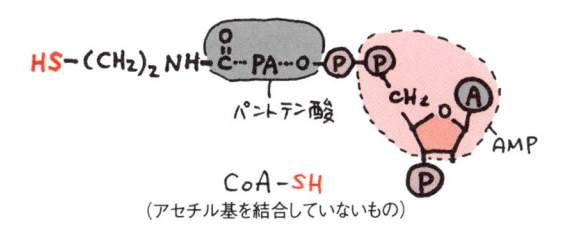

$$HOOC(CH_2)_2NH-\underset{\underset{O}{\|}}{C}-\underset{\underset{OH}{|}}{\overset{H}{C}}-\underset{\underset{CH_3}{|}}{\overset{CH_3}{C}}-CH_2OH$$

パントテン酸（PA）

$HS-(CH_2)_2NH-\overset{O}{\underset{\|}{C}}-PA\cdots O-P-P-...$
（CH_2-O-A, AMP, P）

CoA-SH
（アセチル基を結合していないもの）

---

**8.1**
pyruvate dehydrogenase
ピルベート（ピルビン酸）
デヒドロゲナーゼ（脱水素酵素）

＊実際の実験では放射性炭素$^{14}C$で炭素をラベルする．このような方法はRI（radioactive isotope：放射性同位体）のトレーサー（tracer：追跡）実験と呼ばれる．

**補因子**
酵素の本体であるタンパク質だけでは本来の酵素活性がないか，あるいは十分ではなく，ある種の物質の共存により酵素活性が発現する場合，その物質を補因子という．

### 🥕 ONE POINT

**補因子の種類**

- 補欠分子族（prosthetic group）
  リポ酸，ビオチンなど（タンパク質と結合）
- 金属イオン（metal ion）
  $Mg^{2+}$，$Co^{2+}$など
- 補酵素（coenzyme）
  $NAD^+$，CoA，FADなど（酵素と解離）

# 8章 TCAサイクルと電子伝達系

## VITAMIN ONE POINT

### ビタミン様物質 リポ酸
酸化型と還元型があります．ヒトは必要量を体内で合成できると考えられています．

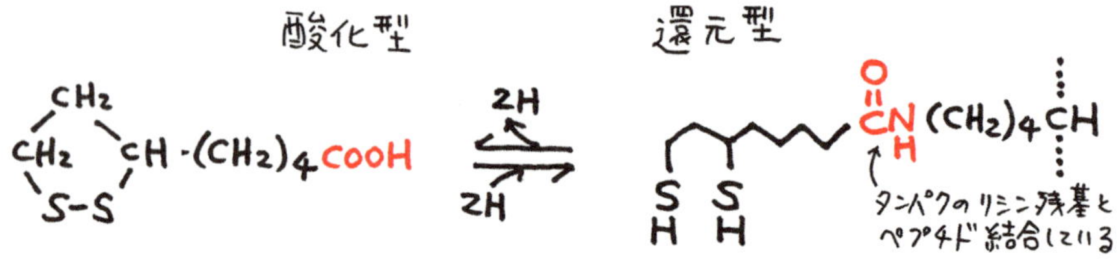

酸化型 ⇌ 還元型（2H）

タンパクのリシン残基とペプチド結合にいる

### ビタミン $B_2$（リボフラビン）と FAD
酸化型と還元型があります．ニコチン酸と同様に，欠乏すると舌が黒ずみ，皮膚炎を起こしやすくなります．

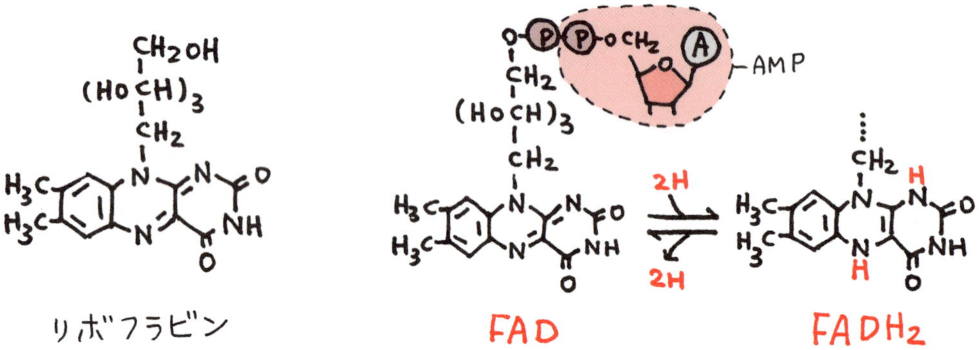

リボフラビン　　FAD ⇌ $FADH_2$（2H）

---

**8.2** citrate synthase シトレート シンターゼ
クエン酸　合成酵素

**8.2**
$$CH_3-\underset{O}{\overset{\|}{C}}-S-CoA + \underset{\substack{COOH \\ | \\ C=O \\ | \\ CH_2 \\ | \\ COOH}}{} + H_2O$$
アセチル CoA　　オキサロ酢酸

$$\underset{8.2}{\rightleftharpoons} \underset{\substack{CH_2COOH \\ | \\ HO-C-COOH \\ | \\ CH_2COOH}}{} + CoA-SH$$
クエン酸

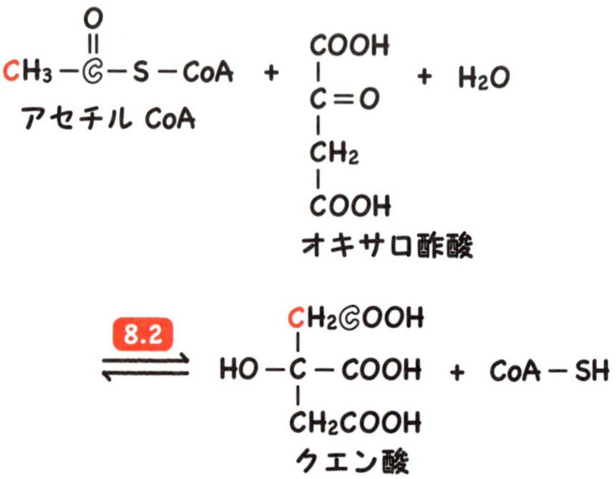

式8.2では，シトレートシンターゼにより，オキサロ酢酸のケト基の炭素にアセチル CoA のメチル基の炭素を結合させてクエン酸を合成します．このとき $H_2O$ が1分子加わります．

## 1. TCA サイクル

**8.3**

$$\text{クエン酸} \underset{H_2O}{\overset{H_2O}{\rightleftharpoons}} \text{cis-アコニット酸} \underset{H_2O}{\overset{H_2O}{\rightleftharpoons}} \text{イソクエン酸}$$

**8.3** aconitate hydratase
アコニテート ヒドラターゼ
アコニット酸　水添加酵素

式8.3では，アコニテートヒドラターゼにより，クエン酸をイソクエン酸に異性化します．反応中間体は *cis*-アコニット酸で，水を加えるとクエン酸とイソクエン酸に相互変換します．

**8.4**

イソクエン酸 + NAD$^+$ $\underset{Mg^{2+}}{\overset{8.4}{\rightleftharpoons}}$ 2-オキソグルタル酸 ($\alpha$-ケトグルタル酸) + NADH + H$^+$ + CO$_2$

**8.4** isocitrate dehydrogenase
イソシトレート
イソクエン酸
デヒドロゲナーゼ
脱水素酵素

式8.4では，イソシトレートデヒドロゲナーゼにより，イソクエン酸が脱炭酸されて2-オキソグルタル酸($\alpha$-ケトグルタル酸)になります．この酵素はTCAサイクルを調節するカギ酵素であり，右向きの反応はADPで活性化され，NADH + H$^+$ で阻害されます．

**8.5**

2-オキソグルタル酸 + NAD$^+$ + CoA-SH $\overset{8.5}{\underset{\text{TPP リポ酸 FAD Mg}^{2+}}{\rightarrow}}$ スクシニルCoA + NADH + H$^+$ + CO$_2$

**8.5** 2-oxoglutarate dehydrogenase
2-オキソグルタレート
2-オキソグルタル酸
デヒドロゲナーゼ
脱水素酵素

式8.5では，2-オキソグルタレートデヒドロゲナーゼにより，2-オキソグルタル酸はさらに脱炭酸されてスクシニルCoA(コハク酸の結合したCoA)になります．この酵素は，式8.1のピルベートデヒドロゲナーゼと同様に複合体をつくり，反応にはNAD$^+$，CoA-SH，TPP，リポ酸，FAD，Mg$^{2+}$ を必要とします．反応は不可逆で，TCAサイクル全体はこの反応のために逆回転できません．

### ONE POINT

**グルタル酸**

〔HOOC(CH$_2$)$_3$COOH〕の2位の炭素がケト基(-CO-)に置き換わったものが2-オキソグルタル酸です．

## 8章 TCAサイクルと電子伝達系

**8.6** succinyl-CoA synthetase
スクシニル CoA
スクシニル CoA
シンテターゼ
合成酵素

**8.6**

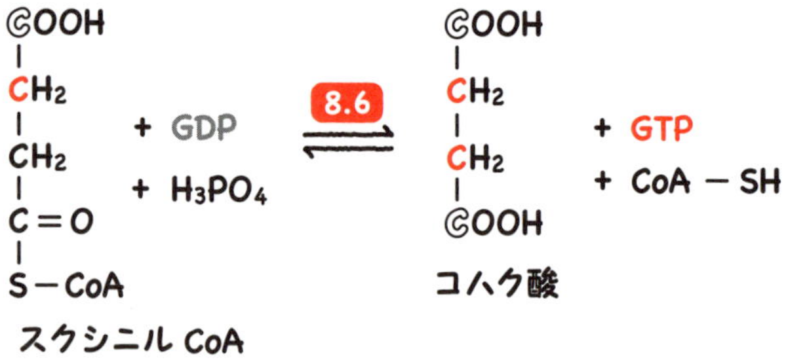

$$\text{スクシニル CoA} + \text{GDP} + \text{H}_3\text{PO}_4 \rightleftharpoons \text{コハク酸} + \text{GTP} + \text{CoA}-\text{SH}$$

### ONE POINT
**シンターゼとシンテターゼの違い**

シンターゼとシンテターゼはどちらも「合成酵素」と訳されますが、実は区別があります。スクシニルCoAシンテターゼは、シトレートシンターゼとは異なり、GTPのリン酸エネルギーでスクシニルCoAを合成します。同じ「合成酵素」でも、ATPなどの高エネルギー化合物との共役反応による合成ではシンテターゼ(synthetase)といい、そうでない場合にシンターゼ(synthase)というのです。

スクシニルCoAシンテターゼはスクシネートチオキナーゼ(succinate thiokinase)ともいい、酵素名は左向きの反応を意味しますが、実際のTCAサイクルではコハク酸と高エネルギー化合物GTPをつくります(式8.6)。GTPはエネルギーとしてはATPと等価で、ヌクレオチドジホスフェートキナーゼによりGTP + ADP $\rightleftharpoons$ GDP + ATPという反応でATPに転換可能です。

ここまで、ピルビン酸のメチル基($-\text{CH}_3$)の炭素を赤字で、ケト基($-\text{CO}-$)の炭素を白字で示してTCAサイクルにどのように入っていくか調べてきましたが、コハク酸は構造が上下対称なので、カルボキシ基のCもメチレン基のCもそれぞれの位置に2分の1の確率で入ります(そのため図では、両方を赤字と白字にしました)。

**8.7** succinate dehydrogenase
スクシネート
コハク酸
デヒドロゲナーゼ
脱水素酵素

**8.7**

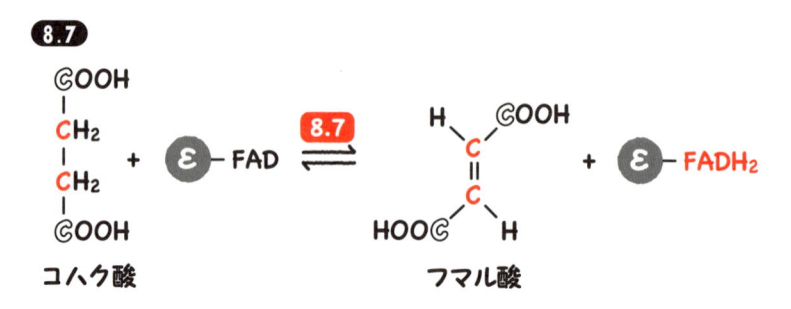

$$\text{コハク酸} + \text{E}-\text{FAD} \rightleftharpoons \text{フマル酸} + \text{E}-\text{FADH}_2$$

### ONE POINT
**貝のうま味「コハク酸」**

貝のうま味のもとはコハク酸です。コハク酸はインスタントラーメンなどいろいろな調味料に含まれています。

式8.7では、スクシネートデヒドロゲナーゼによりコハク酸がフマル酸に酸化されます。酵素に結合したFADはFADH$_2$として水素を受けとります。この水素の電子は電子伝達系(p.81参照)にわたされます。

**8.8** fumarate hydratase
フマレート ヒドラターゼ
フマル酸　水添加酵素
別名：フマラーゼ

**8.8**

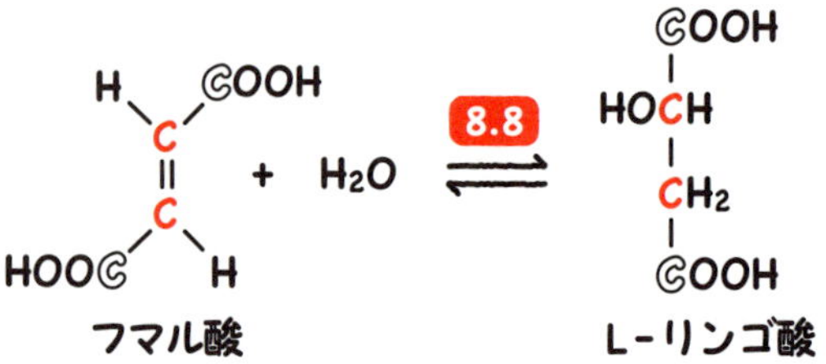

$$\text{フマル酸} + \text{H}_2\text{O} \rightleftharpoons \text{L-リンゴ酸}$$

フマレートヒドラターゼはフマラーゼともいいます．式8.8では，この酵素によりフマル酸に水が1分子加わり，L-リンゴ酸ができます．

**8.9**

$$\underset{リンゴ酸}{\begin{array}{c} COOH \\ | \\ HOCH \\ | \\ CH_2 \\ | \\ COOH \end{array}} + NAD^+ \overset{8.9}{\rightleftarrows} \underset{オキサロ酢酸}{\begin{array}{c} COOH \\ | \\ C=O \\ | \\ CH_2 \\ | \\ COOH \end{array}} + NADH + H^+$$

8.9 malate dehydrogenase
マレート
リンゴ酸
デヒドロゲナーゼ
脱水素酵素

式8.9では，マレートデヒドロゲナーゼによりオキサロ酢酸が生成します．これでTCAサイクルが1回転しました（表紙裏の代謝マップ①をもう一度見てみよう）．オキサロ酢酸という名は，酢酸$CH_3COOH$のメチル基にオキサル基($-COCOOH$)がついているという意味です．アセチルCoAからの炭素二つ(赤字)はTCAサイクル1回転では$CO_2$として放出されず，さらに半回転した後の式8.5と8.6の反応で放出されることが$^{14}C$を用いたトレーサー実験からわかっています．

ピルビン酸がTCAサイクルで二酸化炭素と水に分解される経路をまとめると，

$$\underset{ピルビン酸}{CH_3COCOOH} + 2H_2O + 4NAD^+ + FAD + GDP + H_3PO_4$$
$$\longrightarrow 3CO_2 + 4NADH + H^+ + FADH_2 + GTP$$

となります．GTPが加水分解してGTP + $H_2O \rightarrow$ GDP + $H_3PO_4$になるとすると，1分子のピルビン酸の分解には合計3分子の$H_2O$がつかわれていることがわかります．

## 2．電子伝達系と酸化的リン酸化

TCAサイクルの酵素(8.1～8.6, 8.8, 8.9)は，ミトコンドリアの内部のマトリクスにあり，8.7の酵素は内膜のマトリクス側に埋め込まれています．動物細胞中のミトコンドリアを拡大してみると，外膜と内膜の二重膜になっています．ミトコンドリアでは，TCAサイクルがまわるときにでてくるNADH + $H^+$とFADH$_2$の水素が電子伝達系にわたされ，最終的には水素が酸素と反応して水ができるのですが，この電子伝達系に電子が流れるときに多くのATPができます．水素は直接には酸素と反応せず，水素の電子がミトコンドリア内膜の電子伝達キャリアーに順に伝達され，そのとき水素イオンが，ミトコ

ンドリアのマトリクスから外膜と内膜の膜間スペースにくみだされます．その結果，膜間スペースとマトリクスとの間には水素イオン濃度勾配が生じ，水素イオンがもとのマトリクス側にもどる力でADPをATPにします（図8-2）．

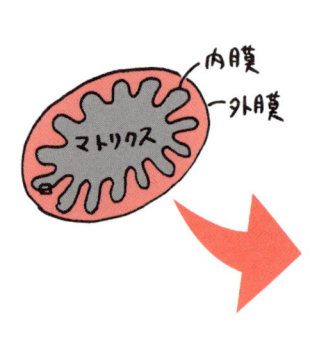

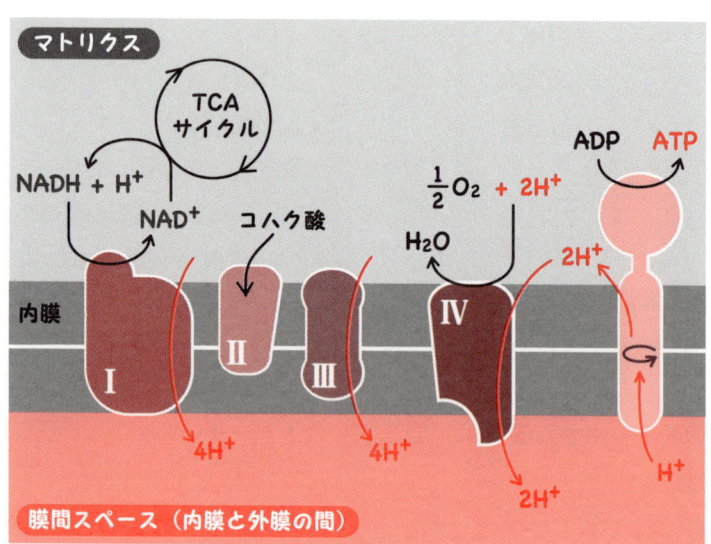

**図8-2 ミトコンドリア中の電子伝達系**

電子伝達系のイメージはなかなかつかみにくいのですが，次のように考えてみてはどうでしょうか．ミトコンドリアというビルのなかで

---

### Column 嫌酒薬

アルコール中毒でお酒のやめられない人に，嫌酒薬，ジスルフィラム（disulfiram）という薬を投与することがあります．ジスルフィラムはアルコール分解経路の酵素（ 8.10 ）のアルデヒドデヒドロゲナーゼの阻害剤です．この薬を飲んでからお酒をお猪口に一杯でも飲むと，体内のアセトアルデヒド濃度が上昇し，5分から10分以内に猛烈な吐き気と頭痛におそわれて苦しくてたまらなくなります．決して医者の処方以外に試してはいけない薬です．まして，お酒を飲んでからこの薬を飲むと激しい副作用で錯乱状態になり，死にいたることになります．それほどアセトアルデヒドは毒性のある物質なのです．

**ジスルフィラム**

**かいせつ**

## アルコールの代謝

アルコールは吸収が早く，一部は胃で，残りは十二指腸や小腸で吸収されます．吸収されたアルコールは血液に入り，肝臓で分解されてエネルギーとなります．では，どのような仕組みでエネルギーに変わるのでしょうか？

エタノールはヒトの肝臓の細胞質サイトゾルで，まずアルコールデヒドロゲナーゼ（**7.13**）によりアセトアルデヒドに変わります（式7.13）．次に肝ミトコンドリアのアルデヒドデヒドロゲナーゼ（**8.10**）により，アセトアルデヒドは酢酸になります（式8.10）．アセトアルデヒドは微量でも有毒ですが，酢酸になれば平気です．酢酸は肝臓の外へでてから，式10.1のアシルCoAシンテターゼ（**10.1**）により，アセチルCoAになってTCAサイクルに入り，$CO_2$と$H_2O$に分解されます．

**8.10**
$$R-\underset{H}{\overset{O}{C}} + NAD^+ + H_2O \longrightarrow$$
$$RCOOH + NADH + H^+$$

しかし，肝臓でのエタノール分解には別の経路もあります．一つにはミクロソーム（小胞体）のエタノール酸化系，MEOS（<u>m</u>icrosomal <u>et</u>hanol-<u>o</u>xidizing <u>s</u>ystem）があります．MEOSにはシトクロムP-450*という酵素（**8.11**）が含まれ，式8.11を経てアセトアルデヒドになります．

**8.11**
$$CH_3CH_2OH + NADPH + H^+ + O_2$$
$$\longrightarrow CH_3\underset{H}{\overset{O}{C}} + NADP^+ + 2H_2O$$

このMEOSこそアルコール誘導系として知られているシステムです．すなわち，"きたえるとアルコールに強くなる（誘導される）"のはこの系と考えられています．しかしこのシトクロムP-450の本来の役割は，外界からの異物（薬剤など）を無毒化することなので，お酒できたえた肝臓では薬剤もすみやかに分解されます．酒飲みには薬がききにくいというのは，これが原因と考えられています．

ほかにはペルオキシソームのなかのカタラーゼ（**5.1**）もあります．カタラーゼは，アルコールをアセトアルデヒドに酸化するために過酸化水素$H_2O_2$をつかうと考えられています（式5.1）．**8.10**，**8.11**，**5.1**のアルコール分解への相対的な重要度はまだわかっていません．

**5.1**
$$CH_3CH_2OH + H_2O_2 \longrightarrow$$
$$CH_3CHO + 2H_2O$$

---

＊シトクロム：シトクロム（cytochrome，cyto：細胞の，chrome：色素）は，一般にはミトコンドリアの電子伝達系の電子を運ぶタンパク質としてよく知られている．P-450は450 nmに吸収極大をもつ，鉄を含むタンパク質で，ミクロソームに存在している．ミクロソームやペルオキシソーム（p.76参照）はミトコンドリアと同じ細胞内小器官（organella）である．

エネルギーの高い電子が水素から離れて（$H^+$ と $e^-$），電子の流れでモーターをまわし，$H^+$ をビルの屋上のタンクにためます．タンク中の $H^+$ は，屋上からパイプを通って流れ落ちる際に ADP とリン酸から ATP を合成します（酸化的リン酸化）．モーターをまわして仕事をした電子は，$4e^- + 4H^+ + O_2$ で $2H_2O$ になります．

以前はミトコンドリア内では，$NADH + H^+$ 1分子では3ATP，$FADH_2$ では2ATP ができるとされてきました．しかし今では，前者では2.5ATP，後者では1.5ATP と考えられています．では，グルコース1分子から，解糖系と TCA サイクルによって ATP がどれだけできるか計算してみましょう．グルコースからピルビン酸になるまでに2ATP ができます（7章参照）．このとき式7.6の $2NADH + H^+$ は乳酸生成にはつかわれないので

$4 \times 2$（TCA サイクルの分）$+ 2$（解糖系の分）$= 10NADH + H^+$

であり，ATP は

① $10(NADH + H^+) \times 2.5 = 25ATP$
② $2FADH_2$（式8.7の分）$\times 1.5 = 3ATP$
③ $2GTP$（式8.6の分）$= 2ATP$
④ $2ATP$（解糖系の分）

①＋②＋③＋④で計32ATP が生成されます．しかし，細胞レベルでは GTP や NADH の移動にエネルギーが必要なので，最終生成量は約30ATP とされています．

TCA サイクルは，エネルギー充足率が高くなると抑制され，低くなると活性化されます．また ATP/ADP 比，$NADH/NAD^+$ 比，アセチル CoA/CoA-SH 比，スクシニル CoA/CoA-SH 比でも調節されます．調節される酵素はピルベートデヒドロゲナーゼ(**8.1**)，イソシトレートデヒドロゲナーゼ(**8.4**)，およびオキソグルタレートデヒドロゲナーゼ(**8.5**)です．式8.1は TCA サイクルへの入口であり，脂肪酸分解などでアセチル CoA/CoA-SH 比や $NADH/NAD^+$ 比が高くなるとピルベートデヒドロゲナーゼの活性は抑制され，ピルビン酸は糖新生（11章参照）につかわれます．イソシトレートデヒドロゲナーゼは TCA サイクルの律速酵素で，$NADH/NAD^+$ 比が高いと活性は抑制され，ATP/ADP 比が低いと活性化されます．オキソグルタレートデ

## ONE POINT

**TCA サイクルの調節因子**

〈抑制する因子〉
ATP
NADH
アセチル CoA
スクシニル CoA
⇒エネルギーが足りているサイン

〈活性化する因子〉
ADP
$NAD^+$
CoA-SH
⇒エネルギーが足りないサイン

ヒドロゲナーゼはスクシニル CoA/CoA-SH 比が高いと抑制され，アセチル CoA は TCA サイクルには入らず，脂肪酸合成にまわされます．

## 3．ROS（活性酸素種）

好気性生物では，酸素の利用と ROS（reactive oxygen species）の生成が密接にむすびついています．ミトコンドリアの電子伝達系の途中で電子が漏れだして $O_2$ と反応（$O_2 + e^-$）すると，スーパーオキシドラジカル（$O_2^-$）ができるのです．$2O_2^-$ は $2H^+$ と反応して過酸化水素（$H_2O_2$）や $O_2$ になり，このとき生じる酸素は，励起された一重項酸素（$^1O_2$）になることもあります．$H_2O_2$ は $Fe^{2+}$ や他の遷移金属と反応して，反応性の高いヒドロキシラジカル（・OH）を生成します．これらの生成物（$O_2^-$，$H_2O_2$，$^1O_2$，・OH）を ROS といい，非常に反応性に富んでいるため，細部内に多量に発生した場合は細胞に深刻な損傷を与えます．しかし，通常 ROS の生成は SOD*などの金属酵素，トコフェロール，β-カロテンなどの抗酸化物質（p.32参照）が関与する抗酸化機構によっておさえられています．

*スーパーオキシドジスムターゼ（superoxide dismutase）

一方，ROS は細胞内のシグナル伝達にも用いられ，また呼吸バーストのように外から侵入してくる細菌などを殺す武器として積極的な役割も果たします．

窒素を含むラジカルである活性窒素種（RNS）も ROS に分類されます．一酸化窒素（NO），二酸化窒素（$NO_2$），ペルオキシ亜硝酸（$ONOO^-$）は RNS のなかでも重要で，特に NO は哺乳動物の全身で生産されるシグナル分子として，血圧の調節，血液凝固阻害，がん化した細胞のマクロファージによる破壊などに関わっています．

### 章末問題

（1）ATP，FAD，$NAD^+$，CoA に共通な構造上の特徴，共通するモチーフは何か．

（2）もしミトコンドリア内の $NADH + H^+$ や $FADH_2$ が再酸化されないと，どのようなことが起こるか．

（3）もし回路の中間体が TCA サイクルからはずれてほかの同化経路へでていくと，TCA サイクルは作動し続けることができるだろうか．

（4）青酸カリは電子伝達系の最終酵素であるシトクロム酸化酵素と反応し，酸化的リン酸化を阻害する致死性毒物として知られている．青酸カリ中毒にはただちに亜硝酸塩（$MNO_2$）を投与するのが効果的な治療法であるが，これはなぜか．（ヒント：亜硝酸は2価型ヘモグロビンを3価型に酸化するはたらきがある）

# 9章 ペントースリン酸経路
### 脂肪，アミノ酸，核酸に重要な代謝経路

**この章で考える なぜ？**

- 細胞に必要なアミノ酸や核酸は，どうやってつくられているのだろう？
- 私たちがビタミンを摂取しなければいけないのは，なぜだろう？
- 口から入ったダイオキシンが母乳に分泌されてしまうのは，なぜだろう？

## ONE POINT

### $NADP^+$ とは

$NAD^+$（p.68参照）のアデノシンのリボースの2位の炭素の$-OH$にリン酸が結合したものが$NADP^+$（nicotinamide adenine dinucleotide phosphate）です．一般には$NAD^+$は分解経路の，$NADP^+$は生合成経路の酸化還元反応にかかわると考えられています．

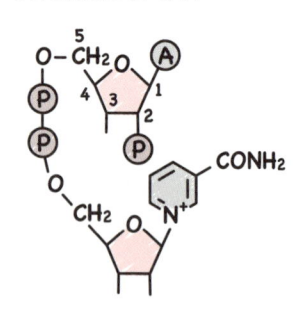

glucose-6-phosphate dehydrogenase
**グルコース-6-ホスフェート**
グルコース6-リン酸
**デヒドロゲナーゼ**
脱水素酵素

糖代謝には，解糖系とは別の経路があることが知られています．解糖系を停止させる阻害剤であるモノヨード酢酸$CH_2ICOOH$（式7.6の反応を阻害）を組織に与えてもグルコースの消費に変化がないことから，別の経路があることがわかりました．この経路は「ペントースリン酸経路」と呼ばれ，脂肪酸の合成に必要な$NADPH + H^+$や核酸を構成するペントース（五炭糖），またさまざまな炭素数の単糖を生体に供給しています．

## 1. ペントースリン酸経路の各反応

この経路では，まずグルコースが式7.1でグルコース6-リン酸になったのち，グルコース-6-ホスフェートデヒドロゲナーゼで6-ホスホグルコノ-δ-ラクトンに酸化されます（式9.1）．

**9.1**
β-D-グルコース 6-リン酸 + $NADP^+$ ⇌ 6-ホスホグルコノ-δ-ラクトン + $NADPH + H^+$

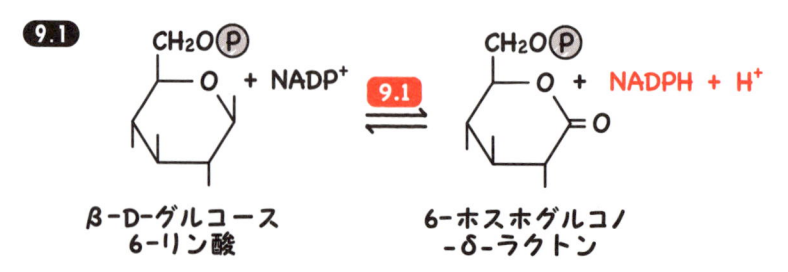

この反応の補酵素は$NADP^+$で，生成する$NADPH + H^+$は水素の必要な反応系に使われる場合が多いことが知られています．たとえば$NADPH + H^+$は，アセチルCoAから脂肪酸を合成するときの水

素供与体になります．そのためこの酵素は，脂肪酸でアロステリックに阻害されます．

**9.2**

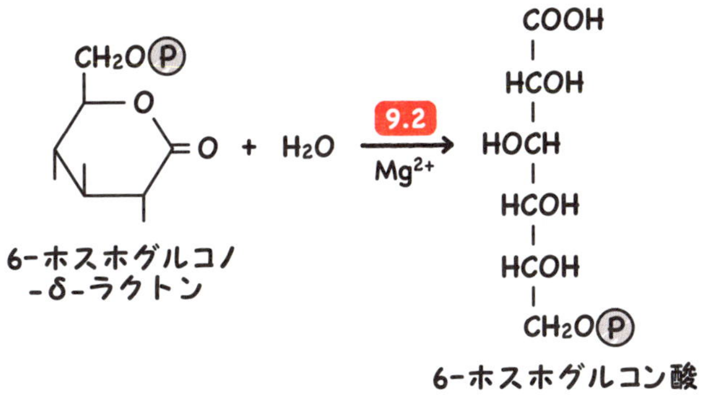

6-ホスホグルコノ-δ-ラクトン + $H_2O$ →(9.2, $Mg^{2+}$) 6-ホスホグルコン酸

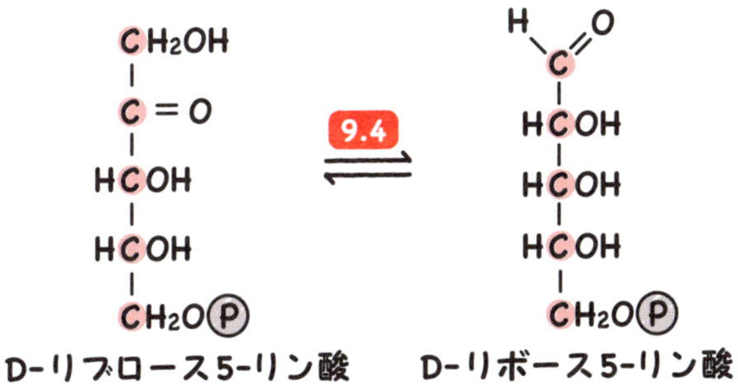

**9.2** 6-phosphogluconolactonase
**6-ホスホグルコノラクトナーゼ**
ラクトン加水分解酵素

**ラクトン**
1分子内で−COOHと−OHがエステル結合したものをラクトン（lactone）という．5位（δ；デルタ）の−OH基とエステル結合すると，6-ホスホグルコノ-δ-ラクトンになる．

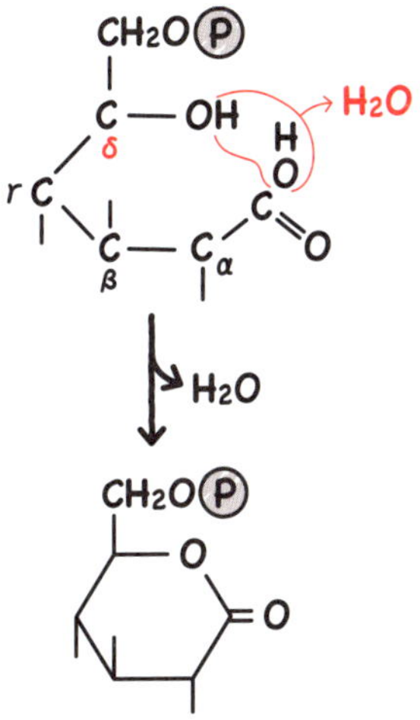

式9.2では，6-ホスホグルコノラクトナーゼによりラクトンが加水分解されて，開環構造の6-ホスホグルコン酸になります．この加水分解反応は発熱反応で，不可逆です．

**9.3**

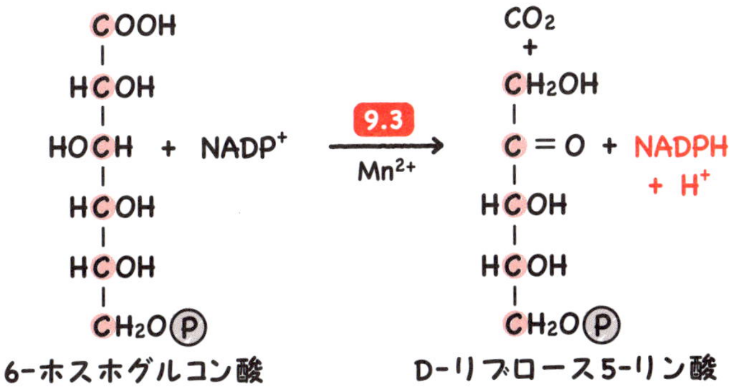

6-ホスホグルコン酸 + $NADP^+$ →(9.3, $Mn^{2+}$) D-リブロース5-リン酸 + $CO_2$ + NADPH + $H^+$

**9.3** 6-phosphogluconate dehydrogenase
**6-ホスホグルコネートデヒドロゲナーゼ**
脱水素酵素

式9.3では，6-ホスホグルコネートデヒドロゲナーゼ（デカルボキシレーティング；脱炭酸作用）により，6-ホスホグルコン酸は脱炭酸されてD-リブロース5-リン酸になります．"脱炭酸する"とあえて書くのは，6-ホスホグルコン酸を脱炭酸しないで脱水素する別の酵素があるからです．この反応も脱炭酸するため不可逆です．

**9.4**

D-リブロース5-リン酸 ⇌(9.4) D-リボース5-リン酸

**9.4** ribose phosphate isomerase
**リボースホスフェートイソメラーゼ**
リボース-リン酸
異性化酵素

式9.4では，リボースホスフェートイソメラーゼにより，リブロース5-リン酸はD-リボース5-リン酸になります．リボース5-リン酸はDNAやRNAを構成する五炭糖です．

**9.5**
ribulose phosphate epimerase
リブロースホスフェート
リブロース-リン酸
エピメラーゼ
異性化酵素

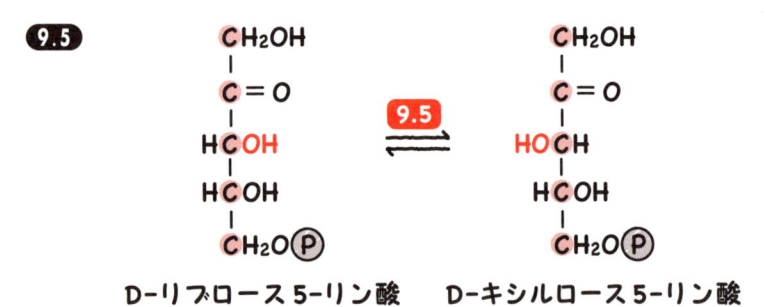

式9.5では，リブロースホスフェートエピメラーゼにより，リブロース5-リン酸はキシルロース5-リン酸になります．エピメラーゼとは，2章で不斉炭素が1個だけ異なるときの異性体，たとえばD-グルコースとD-マンノースの関係をエピマーといいましたが，この関係の異性体にする酵素のことをいいます．リブロースの3位の−OHの向きが逆になったものがキシルロースです．

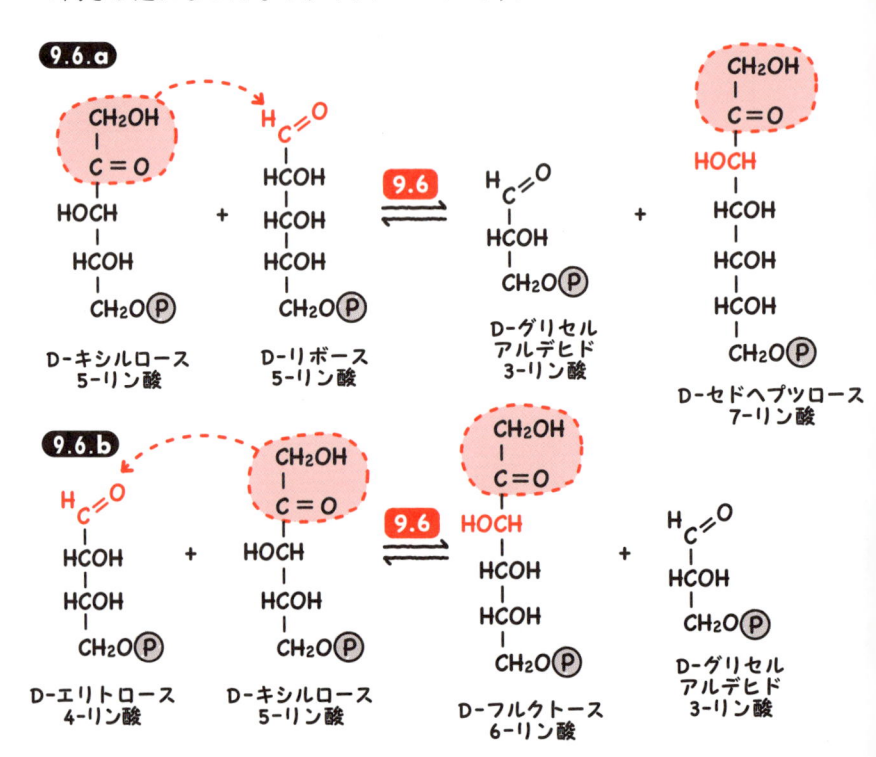

**9.6**
transketolase
トランスケトラーゼ
ケトースのケトール基をアルドースのアルデヒド基に転移する酵素

トランスケトラーゼは，ケトール残基であるグリコールアルデヒド

基を受容体のアルデヒドに転移（トランス）する酵素で，ペントースリン酸経路では2種類の反応を行います．まず式9.6.aでは，D-キシルロース5-リン酸（五炭糖）とD-リボース5-リン酸（五炭糖）からD-グリセルアルデヒド3-リン酸（三炭糖）とD-セドヘプツロース7-リン酸（七炭糖）ができます．また式9.6.bでは，D-エリトロース4-リン酸（四炭糖）とD-キシルロース5-リン酸（五炭糖）からD-フルクトース6-リン酸（六炭糖）とD-グリセルアルデヒド3-リン酸（三炭糖）ができます．少し複雑ですが，それぞれの糖の最後位の炭素にリン酸がついているため，「リン酸」のハイフンの前の数字はそれぞれの糖の炭素数と等しくなります．

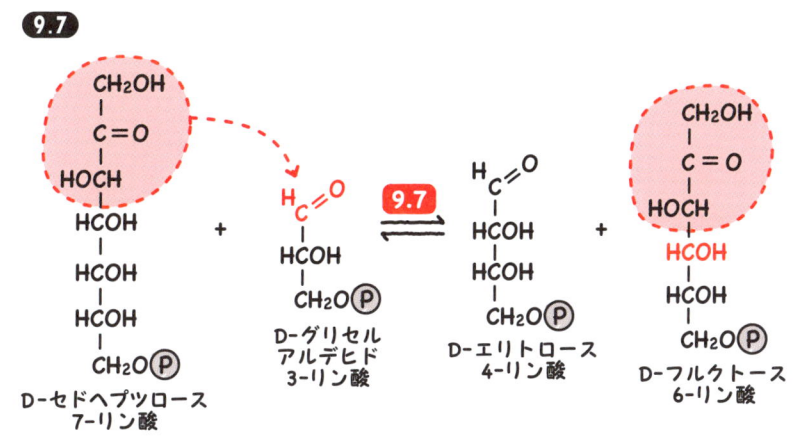

**9.7**

D-セドヘプツロース7-リン酸 + D-グリセルアルデヒド3-リン酸 ⇌ D-エリトロース4-リン酸 + D-フルクトース6-リン酸

**9.7**
transaldolase
**トランスアルドラーゼ**
ケトースのジヒドロキシアセトン基をアルドースのアルデヒド基に転移する酵素

**ONE POINT**

**甘味料エリトリトール**
D-エリトロースはアルデヒド基を還元するとエリトリトールとなり，甘味がショ糖の約2倍となる．天然には，藻類や真菌類に含まれ，一度に多くとると下痢を起こしやすい．

CH₂OH
HCOH
HCOH
CH₂OH
エリトリトール

トランスアルドラーゼは，ケトースのジヒドロキシアセトン部分を，受容体となるアルドースのアルデヒド基に転移します．実際には，D-セドヘプツロース7-リン酸（七炭糖）とD-グリセルアルデヒド3-リン酸（三炭糖）から，D-エリトロース4-リン酸（四炭糖）とD-フルクトース6-リン酸（六炭糖）ができます（式9.7）．

## 2．ペントースリン酸経路の全体像

式9.4と，式9.5→式9.6.a→式9.7→式9.6.bの組合せで，3分子のリブロース5-リン酸から2分子のD-フルクトース6-リン酸と1分子のD-グリセルアルデヒド3-リン酸ができます．2分子のD-グリセルアルデヒド3-リン酸は，式7.5と7.4で1分子のD-フルクトース1,6-ビスリン酸になるので，結果として，6分子の五炭糖が5分子の六炭糖に組み直されることになります．これをまとめたのが図9-1で

**ONE POINT**

**脂質の生合成に必要**
脂肪酸やステロイドを生合成する経路では大量のNADPHを消費するため，これらの脂質を合成する乳腺，肝臓，副腎，脂肪組織ではペントースリン酸経路が活発である．この経路に関する酵素はすべて細胞質ゾルにある．

## 9章 ペントースリン酸経路

**図 9-1　ペントースリン酸サイクル**
六炭糖のグルコース6-リン酸（6分子）は、まずCO₂（6分子）を放出して、五炭糖のリブロース5-リン酸（6分子）となる。五炭糖が6分子で、炭素数の合計は30個になる。この五炭糖を各種のイソメラーゼ、ケトラーゼ、アルドラーゼで最終的に六炭糖のグルコース6-リン酸5分子（炭素数合計30）に組み直すため、サイクル経路となる。途中のリボース5-リン酸やエリトロース4-リン酸を必要とする経路ではサイクルとならない。

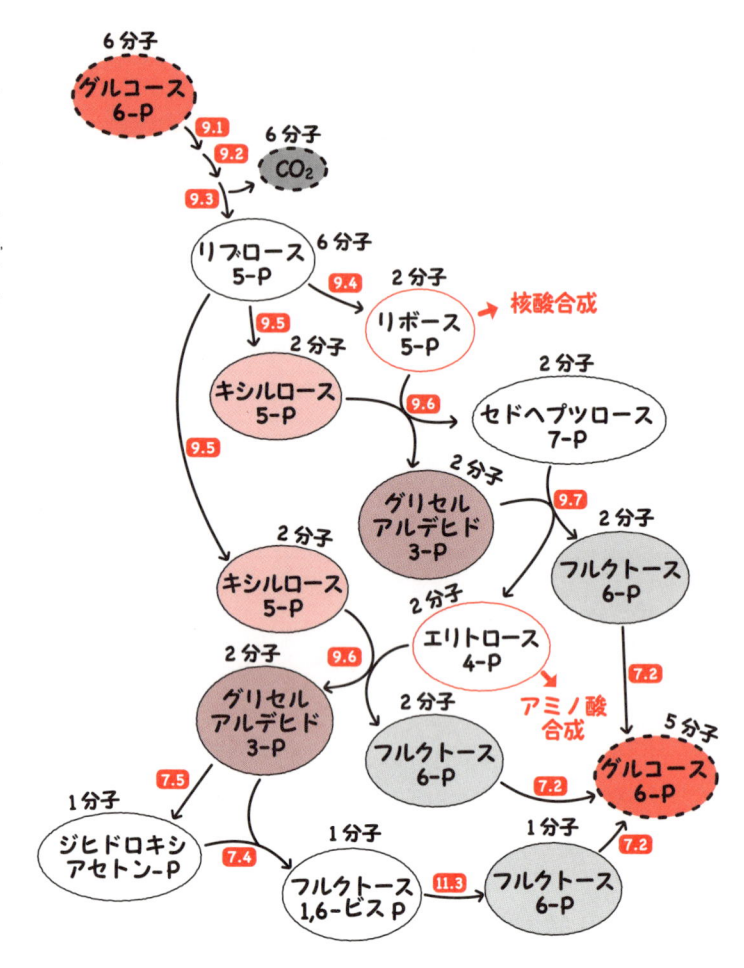

### ONE POINT

**アミノ酸の合成に必要なシキミ酸**

フェニルアラニン、チロシン、トリプトファンといった芳香族アミノ酸は動物の体内で合成できない。これらは植物や微生物でつくられ、動物はこれを摂取している。シキミ酸はそれらすべての前駆体として重要である。シキミ酸はペントースリン酸経路の中間代謝産物のエリトロース4-リン酸と解糖系のホスホエノールピルビン酸（PEP）から合成される。

**シキミ酸**

す。この経路はサイクル式のため「ペントースリン酸サイクル」、または「ヘキソース一リン酸経路」とも呼ばれています。また生成物の名前をとって「ホスホグルコン酸経路」とも呼ばれることもあります。

6分子の六炭糖→6分子の五炭糖→5分子の六炭糖→（＋1分子の六炭糖）でもとにもどると、ペントースリン酸経路を通るあいだに6分子の$H_2O$がつかわれ、12分子の$NADPH + H^+$と6分子の$CO_2$が発生します。つまり、1分子のグルコース6-リン酸から12分子の$NADPH + H^+$ができるため、この反応系は水素を必要とする生合成反応につかわれるのです。水素のみ必要な場合は、最初の反応物にもどるため、ペントースリン酸サイクルという"回路(cycle)"となります。

一方、リボース5-リン酸はDNAやRNAの成分としてつかわれますし、D-エリトロース4-リン酸はアミノ酸であるフェニルアラニン

やチロシン，トリプトファンの前駆体につかわれます．この場合は，中間産物が経路から抜けていくのでペントースリン酸"経路（pathway）"であって回路にはなりません．ペントースリン酸経路全体を裏表紙裏側の代謝マップ②にも詳しく示しました．

### 章末問題

（1）リボース5-リン酸とリブロース5-リン酸の構造上の違いを説明せよ．また，ペントースリン酸経路上の代謝物質のなかで同様な構造上の違いをもつ物質名をあげよ．

（2）ある組織で解糖とペントースリン酸経路（ホスホグルコサン経路）のどちらか，あるいは両者が起こっているかどうかを調べる実験を考えよ．

（3）フルクトース6-リン酸とエリトロース4-リン酸にトランスケトラーゼがはたらくと何が生成するか．

（4）ペントースリン酸経路では，解糖やTCAサイクルのように水素受容体がNAD$^+$ではなくNADP$^+$なのはなぜか．

---

### Column ダイオキシンはなぜ母乳にでてしまう？

甲状腺ホルモン（チロキシン）の撹乱物質として，ダイオキシン類が知られています．この毒性物質は疎水性のため，生態系で濃縮されてから食物として人体にとり込まれ蓄積されます．蓄積された内分泌撹乱物質は，尿ではほとんど排出されず母乳に多くでてきます．母乳は高エネルギー化合物である脂肪を赤ちゃんが飲みやすいように乳化したエマルジョン（p.29参照）です．つまり，乳腺ではペントースリン酸経路で供給されるNADPHの水素をつかい活発に脂肪が合成され，分泌されています．脂肪に溶けやすいダイオキシンはここで母乳に溶け込み，蓄積されてしまうのです．

チロキシン

2,3,7,8-テトラクロロジベンゾ-p-ジオキシン（ダイオキシンの一種）

# 10章 脂肪酸のβ酸化
高エネルギーの貯金箱からエネルギーを引きだす

**この章で考える なぜ？**

・糖分より脂肪の方がグラムあたりのカロリーが多いのはなぜだろう？
・ラクダのこぶに，脂肪が蓄えられているのはなぜだろう？
・なぜ体は，あまった栄養を脂肪にして蓄えるのだろう？

## 1．脂肪酸の酸化反応

　脂肪酸の基本となる構造は$-CH_2-$であり，糖（$-CHOH-$の構造）よりさらに炭素が還元されています．そのため脂肪酸は糖より高エネルギーの貯蔵物です．その分解経路は，動物ではミトコンドリアにあります（図8.1参照）．

　その経路では，脂肪酸 $CH_3(CH_2)_nCOOH$ の右端から順に炭素を2個ずつ切っていくために $-\overset{\beta}{C}H_2\overset{\alpha}{C}H_2COOH$ のβ位の炭素が次つぎと酸化されるので，「β酸化」と呼ばれています．この経路で脂肪酸は，まずアシル CoA シンテターゼによりアシル CoA になります（式10.1）．このとき ATP のエネルギーがつかわれますが，ATP は ADP ではなく AMP とピロリン酸に分解されるため，ATP 2分子分の消費となります（p.93かいせつ参照）．

**10.1** acyl-CoA synthetase
アシル CoA シンテターゼ
アシル CoA　　合成酵素

**10.1**
$$RCH_2CH_2COOH + ATP + CoA-SH$$
脂肪酸
$$\underset{10.1}{\rightleftharpoons} RCH_2CH_2\overset{O}{\overset{\|}{C}}-S-CoA + AMP + PP_i$$
アシルCoA　　　　　　（ピロリン酸）

　ちなみに，肝臓でエタノールを分解して生じる酢酸も，この酵素でアセチル CoA になり，TCA サイクルに入ります．

## 1. 脂肪酸の酸化反応

$$\text{CH}_3\text{COOH} + \text{ATP} + \text{CoA-SH}$$
酢酸

$$\underset{10.1}{\rightleftarrows} \text{CH}_3-\overset{\overset{O}{\|}}{C}-S-\text{CoA} + \text{AMP} + \text{PP}_i$$
アセチルCoA

**10.2**
$$\text{RCH}_2\text{CH}_2\overset{\overset{O}{\|}}{C}-S-\text{CoA} + \text{FAD}$$
アシルCoA

$$\xrightarrow{10.2} \text{R}\underset{\underset{H}{|}}{\overset{\overset{H}{|}}{C}}=\overset{}{C}\overset{\overset{O}{\|}}{C}-S-\text{CoA} + \text{FADH}_2$$
2,3-トランスエノイルCoA

**10.2**
acyl-CoA dehydrogenase
アシル CoA
アシル CoA
デヒドロゲナーゼ
脱水素酵素

式10.2では，アシルCoAデヒドロゲナーゼにより，$\alpha$と$\beta$の炭素間に二重結合が入り不飽和となります．このとき水素を受けとるのはFADです．

**10.3**
$$\text{RCH}=\text{CH}\overset{\overset{O}{\|}}{C}-S-\text{CoA} + \text{H}_2\text{O}$$
エノイルCoA

$$\underset{10.3}{\rightleftarrows} \text{R}\overset{\overset{OH}{|}}{C}\text{H}-\text{CH}_2\overset{\overset{O}{\|}}{C}-S-\text{CoA}$$
L-3-ヒドロキシアシルCoA

**10.3**
enoyl-CoA hydratase
エノイル CoA
エノイル CoA
ヒドラターゼ
水添加酵素

---

### かいせつ

## エネルギー充足率

アデニレートキナーゼ〔adenylate：アデニル酸（AMP），kinase：リン酸化酵素〕は細胞内で

$$\text{AMP} + \text{ATP} \rightleftarrows 2\text{ADP}$$

という反応を触媒します．この酵素により細胞内のATP，AMP，ADPの濃度はあるバランスで存在することになります．電池の充電率のように細胞内のエネルギーがどのくらい満たされているか，エネルギー充足率（energy charge）をATP，ADP，AMPの量の比で次のように表します．

$$\text{エネルギー充足率} = \frac{[\text{ATP}]+0.5[\text{ADP}]}{[\text{ATP}]+[\text{ADP}]+[\text{AMP}]}$$

すべて[ATP]なら充足率は1となります．ホスホフルクトキナーゼ（**7.3**）やピルベートキナーゼ（**7.10**）のようなアロステリックな酵素は，AMPが多くエネルギー充足率が低いと活性が促進されてATPを生産し，ATPが多くエネルギー充足率が高いと活性が抑制されます．

式10.3では，エノイル CoA ヒドラターゼにより不飽和結合に水が入り，水酸基(−OH)として飽和化されます．

式10.4では，L-3-ヒドロキシアシル CoA デヒドロゲナーゼで水酸基から脱水素してケト基に酸化します．式10.2から10.4はTCA サイクルの式8.7から8.9と同じ型の反応です．式10.2での $FADH_2$ も，式8.7と同じく電子伝達系を経て酸化されます．

**10.4** L-3-hydroxyacyl-CoA dehydrogenase
L-3-ヒドロキシアシル CoA
L-3-ヒドロキシアシル CoA
デヒドロゲナーゼ
脱水素酵素

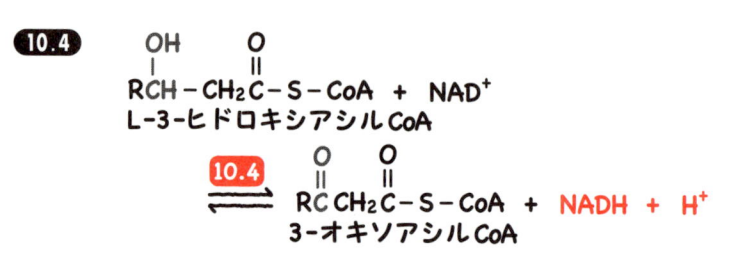

$$\text{10.4} \quad \underset{\text{L-3-ヒドロキシアシル CoA}}{\text{RCH(OH)}-CH_2C(O)-S-CoA} + NAD^+ \;\underset{\text{10.4}}{\rightleftarrows}\; \underset{\text{3-オキソアシル CoA}}{RCCH_2C(O)(O)-S-CoA} + NADH + H^+$$

式10.5では，3-オキソアシル CoA チオラーゼにより，加チオール分解して，アセチル CoA とアシル CoA を生成します．

**10.5** 3-oxoacyl-CoA thiolase
3-オキソアシル CoA
3-オキソアシル CoA
チオラーゼ
チオール開裂する酵素

$$\text{10.5} \quad \underset{\text{3-オキソアシル CoA}}{RCCH_2C(O)(O)-S-CoA} + CoA-SH \;\underset{\text{10.5}}{\rightleftarrows}\; \underset{\text{アシル CoA}}{RC(O)-S-CoA} + \underset{\text{アセチル CoA}}{CH_3C(O)-S-CoA}$$

こうして生じたアシル CoA は式10.2にもどり，アセチル CoA はTCA サイクルに入ります．このようにして脂肪酸の $\beta$ 位の炭素が順に酸化し，次つぎにアセチル CoA が生成します(図10-1)．

## 2．脂肪酸から得られるエネルギー

それでは，パルミチン酸，$CH_3(CH_2)_{14}COOH$ が完全に $CO_2$ と $H_2O$ に分解されるときの ATP 生成量を計算してみましょう．

$$\begin{aligned}
CH_3(CH_2)_{14}COOH& &8CH_3CO\text{-}S\text{-}CoA&\\
+8CoA\text{-}SH& & &\\
+ATP& \longrightarrow &+AMP+PP_i&\\
+7FAD& &+7FADH_2&\\
+7NAD^+& &+7NADH&\\
+7H_2O& &+7H^+&
\end{aligned}$$

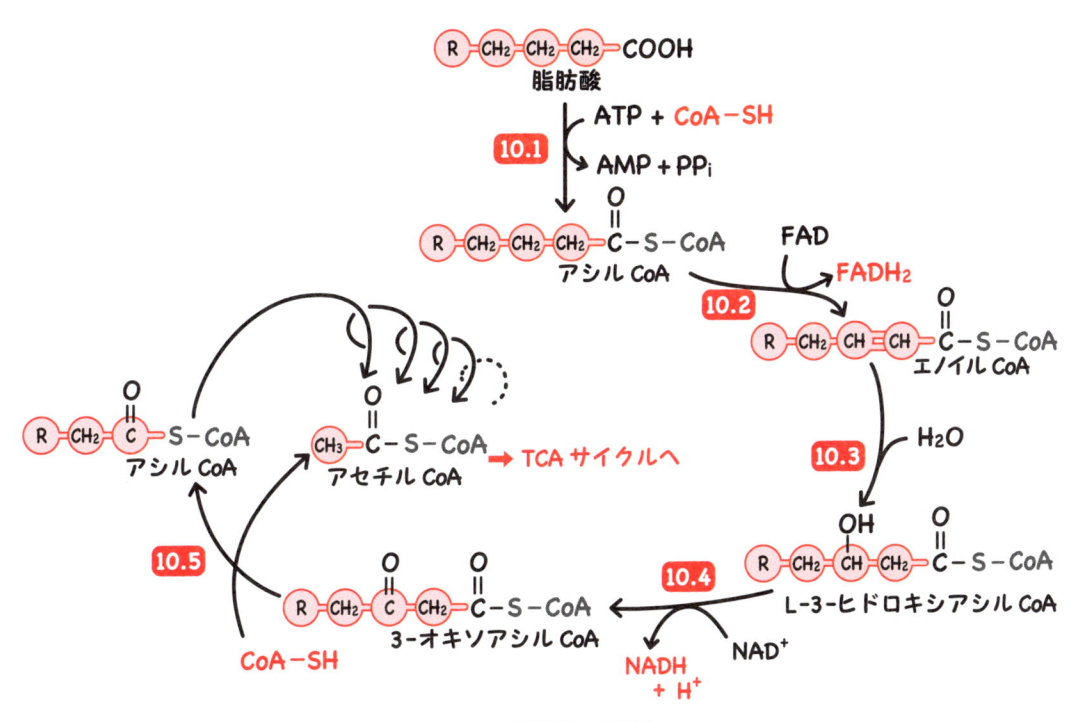

図10-1 脂肪酸のβ酸化

　最初にパルミチン酸がパルミトイル CoA となるときに ATP が消費されます．この ATP は ADP に変わるときの2分子分の ATP 消費にあたるので，マイナス2ATP と計算します．次にβ酸化経路で生成する $7FADH_2$ と $7NADH+7H^+$ から，$(7\times1.5)+(7\times2.5)=28ATP$ が電子伝達系でできます．$8CH_3CO$-S-CoA は，TCA サイクルに入って $8\times10=80ATP$ ができます．合計すると，$(-2ATP)+(28ATP)+(80ATP)=106ATP$ が生成されます．炭素6個のグルコースからは32ATP で，パルミチン酸の炭素16個では106ATP ですから，脂肪酸酸化のエネルギー生成が大きいことがわかります．

### 章末問題

(1) 酢酸1分子が完全に酸化されて二酸化炭素と水になると，何分子の ATP が生成されるか．

(2) ラクダのこぶに貯蔵されているのは水ではなく，じつは脂肪の塊である．ではなぜラクダは水なしで砂漠を旅することができるのだろうか．

(3) 動物はエネルギーを脂肪で蓄えるが，植物はデンプンで貯蔵する．しかし植物でも脂肪で蓄える場合がある．それはどんな場合か．

# 11章 糖新生とグリオキシル酸経路

糖を合成し，エネルギー源として運び，蓄える

**この章で考える なぜ？**

- なぜ，ダイエットをすると体の脂肪が減るのだろう？
- お酒を飲んだ後，ラーメンを食べたくなるのはなぜだろう？
- 生物がグリコーゲンをエネルギー貯蔵に使っているのはなぜだろう？
- はげしい運動をすると筋肉痛になるのは，なぜだろう？

## 1. 糖新生

筋肉を激しく動かすと，ATPが必要となって解糖系がはたらきはじめます．解糖によって生じた乳酸は，血液によって一度肝臓に運ばれます．乳酸はそこでグルコース（血糖）にもどされてふたたび筋肉に運ばれます．このようにしてグルコースは，血液に溶けてエネルギーを筋肉や脳に運んでいます．このグルコース↔乳酸のサイクルは，発見者のCori夫妻の名前から，「コリ回路」と呼ばれています．

肝臓では，各組織から送られてきた乳酸の一部がラクテートヒドロゲナーゼによってピルビン酸となり（式7.11），その後，アセチルCoAを経て（式8.1），TCAサイクルで$CO_2$と$H_2O$に分解されます．そのときにできるATPをつかって，大部分の乳酸はグルコースにもどされます．この解糖を逆行する経路を「糖新生」といいます．乳酸を鮭にみたてて，糖新生を説明してみましょう．基本的に鮭は，解糖という昔下った川を海からさかのぼります．ところが途中にダムや滝のようにさかのぼれないところ（解糖の反応系で不可逆なところ；式7.10，式7.3，式7.1）があり，鮭はそこを迂回するなどほかの経路をとおって上流のグルコースにまでたどり着くのです．それでは，乳酸からグルコースまでの経路をたどってみましょう．

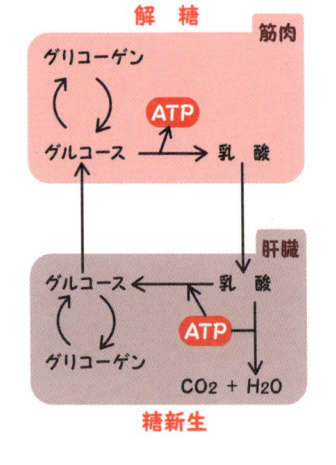

① 乳酸 ──────→ ピルビン酸
　　　　（式7.11）

② ピルビン酸 ──→ （ミトコンドリアへ）──────→ オキサロ酢酸
　　　　　　　　　　　　　　　　　　　（式11.1）

コリ回路

## 1. 糖新生

**11.1**
$$\text{ピルビン酸} \quad \underset{\text{CH}_3}{\underset{|}{\overset{\text{COOH}}{\overset{|}{\text{C}=\text{O}}}}} + \text{H}_2\text{O} + \text{CO}_2 + \text{ATP} \xrightleftharpoons[\text{Mg}^{2+}, \text{ビオチン}]{11.1, \text{アセチル CoA}} \underset{\text{COOH}}{\underset{|}{\underset{\text{CH}_2}{\underset{|}{\overset{\text{COOH}}{\overset{|}{\text{C}=\text{O}}}}}}} + \text{ADP} + \text{H}_3\text{PO}_4 \quad \text{オキサロ酢酸}$$

**11.1** pyruvate carboxylase
ピルベート
ピルビン酸
カルボキシラーゼ
カルボキシル化酵素

式11.1では，ピルベートカルボキシラーゼによりピルビン酸がオキサロ酢酸になります．このときATPがつかわれます．この酵素には補欠分子族ビオチンが結合していて，反応に必要です．またこの酵素は，アセチルCoAによりアロステリック（p.64参照）に活性化されます．これは，ミトコンドリア内でアセチルCoA濃度が高いとTCAサイクルによりATPが大量に生産され，エネルギー充足率（p.93参照）が高くなるためです．一方，ピルビン酸がTCAサイクルで代謝される入口の酵素（式8.1）はアセチルCoAとATPが高濃度で阻害されるため，この条件では乳酸は糖新生に向かいます．

③ オキサロ酢酸 $\xrightarrow[\text{(式8.9)}]{}$ リンゴ酸 $\longrightarrow$（サイトゾル）

④ リンゴ酸 $\xrightarrow[\text{(式8.9)}]{}$ オキサロ酢酸

オキサロ酢酸はミトコンドリアの膜を通過できないため，直接，細胞質サイトゾルにはでられません．そこで，このようにミトコンドリア中のオキサロ酢酸を，リンゴ酸に変えて細胞質に運びだし，ふたたびオキサロ酢酸にもどす仕組みがあります．この仕組みをリンゴ酸シャトルといいます．

リンゴ酸シャトル

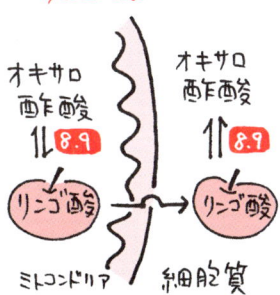

**11.2**
$$\underset{\text{オキサロ酢酸}}{\underset{\text{COOH}}{\underset{|}{\underset{\text{CH}_2}{\underset{|}{\underset{\text{C}=\text{O}}{\underset{|}{\text{COOH}}}}}}}} + \text{GTP} \xrightleftharpoons[\text{Mg}^{2+}]{11.2} \underset{\text{PEP}}{\underset{\text{CH}_2}{\underset{||}{\overset{\text{COOH}}{\overset{|}{\text{C}-\text{O}\text{\textcircled{P}}}}}}} + \text{CO}_2 + \text{GDP}$$

**11.2** phosphoenolpyruvate carboxykinase
ホスホエノールピルベート
ホスホエノールピルビン酸（PEP）
カルボキシ　キナーゼ
カルボキシル化　リン酸化酵素

⑤ オキサロ酢酸 $\xrightarrow[\text{(式11.2)}]{}$ ホスホエノールピルビン酸（PEP）

式11.2では，ホスホエノールピルベートカルボキシキナーゼにより，オキサロ酢酸からPEPが生成されます．酵素名は左向きの反応を意味しますが，$\text{CO}_2$に対する親和力が低いため，生体内では右向きに反応します．

## ビオチン(biotin)

腸内細菌がつくりだすので，ふつうは欠乏症は起きません．しかし，生の卵白を多量にとると卵白中のアビジンというタンパク質と強く結合してビオチンが吸収されなくなり，皮膚炎を起こしやすくなります．

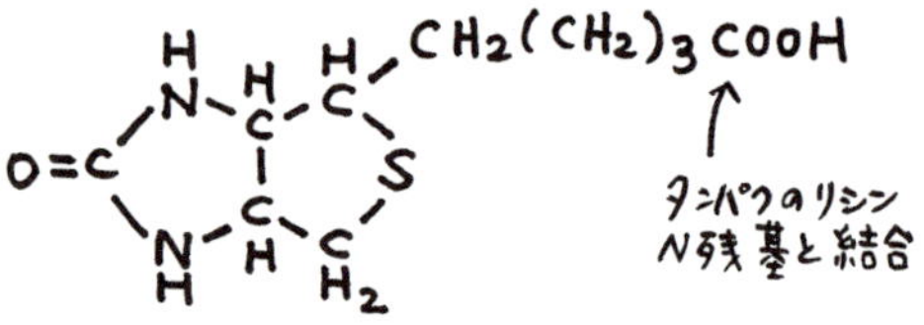

**VITAMIN ONE POINT**

（構造式）↑ タンパクのリシンN残基と結合

---

PEPからフルクトース1,6-ビスリン酸ができるまでは解糖の逆反応で進みます．

⑥ PEP →(式7.9)→(式7.8)→(式7.7)→(式7.6)→(式7.5)→(式7.4)→ フルクトース1,6-ビスリン酸

式11.3では，フルクトース-1,6-ビスホスファターゼにより，フルクトース1,6-ビスリン酸をフルクトース6-リン酸に加水分解します．式7.3と同様に，この反応も一方通行です．

⑦ フルクトース1,6-ビスリン酸 —(式11.3)→ フルクトース6-リン酸

**11.3** fructose-1,6-bisphosphatase
フルクトース-1,6-ビスホスファターゼ
フルクトース1,6-ビスリン酸（リン酸）加水分解酵素

**11.3** フルクトース1,6-ビスリン酸 + $H_2O$ →[11.3] フルクトース6-リン酸 + $H_3PO_4$

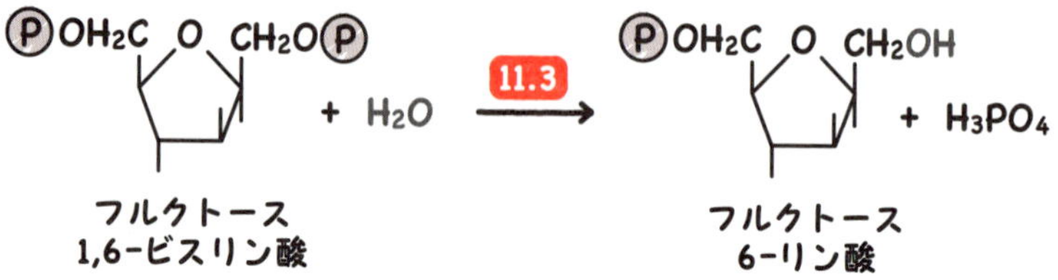

⑧ フルクトース6-リン酸 —(式7.2)→ グルコース6-リン酸 —(式11.4)→ グルコース

**11.4** glucose-6-phosphatase
グルコース-6-ホスファターゼ
グルコース（6-リン酸）加水分解酵素

**11.4** グルコース6-リン酸 + $H_2O$ →[11.4] グルコース + $H_3PO_4$

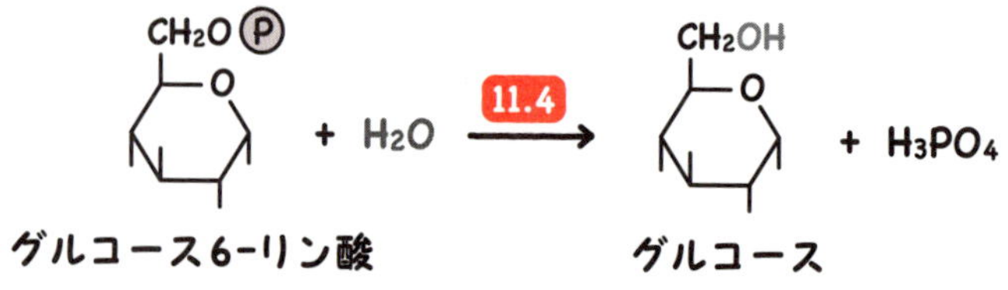

式11.4のグルコース-6-ホスファターゼで，最後のグルコースにたどり着きました．解糖のスタートの反応である式7.1も一方通行のた

## 2. グリコーゲンの合成

**図11-1 糖新生の反応経路**

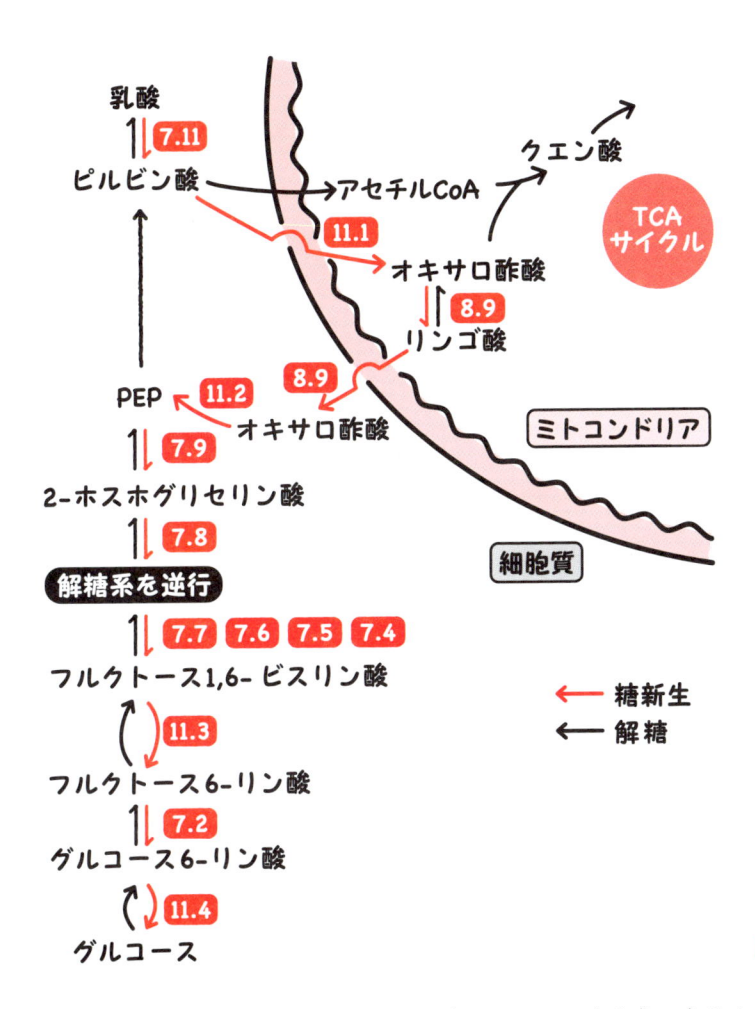

### ONE POINT

**糖新生のエネルギー調達**

糖新生では，乳酸2分子からグルコースをつくるために6分子のATPが必要となる．さらにこのグルコース1分子をグリコーゲンに付加するためにATP1分子が必要で，合計7分子のATPがいる．糖新生のためのエネルギーは，筋肉から肝臓に運んだ乳酸のすべてをグルコースの再生にまわさず，一部をピルビン酸を経てアセチルCoAとして，TCAサイクルで水と二酸化炭素に分解して生成したATPによって調達されている．乳酸1分子の分解でATPは15分子できる．

め，この反応(式11.4)が必要なのです．式11.3や11.4もそうであるように，リン酸加水分解酵素，ホスファターゼが触媒する反応はどれも不可逆です．糖新生の経路を図11-1にまとめました(表紙裏の代謝マップ①も参照).

## 2. グリコーゲンの合成

私たちのからだは，脂肪のほかに，グルコースのポリマーであるグリコーゲンという形で肝臓や筋肉にもエネルギーを貯蔵しています．グリコーゲンの合成には糖ヌクレオチド(ヌクレオシド二リン酸が結合した糖)が必要です．それでは，グリコーゲンの合成経路をみていきましょう．

まず，ホスホグルコムターゼにより，グルコース6-リン酸がグル

コース1-リン酸になります(式11.5).

**11.5** phosphoglucomutase
ホスホグルコ　ムターゼ
グルコースリン酸　分子内転位酵素

式11.5
グルコース6-リン酸 ⇌ (Mg²⁺) グルコース1-リン酸

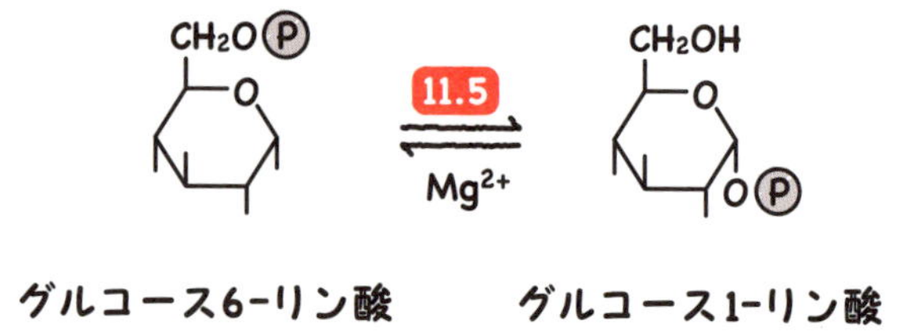

次に，UDPグルコースピロホスホリラーゼにより，糖ヌクレオチドのUDPグルコースになり(式11.6)，

**11.6** UDP glucosepyrophosphorylase
UDP グルコース
UDP グルコース
ピロホスホリラーゼ
X-P～P + Y-H ⇌ X-Y + P～P
の反応を行う酵素

式11.6
UTP + グルコース1-リン酸 ⇌ UDPグルコース + PPi (ピロリン酸)

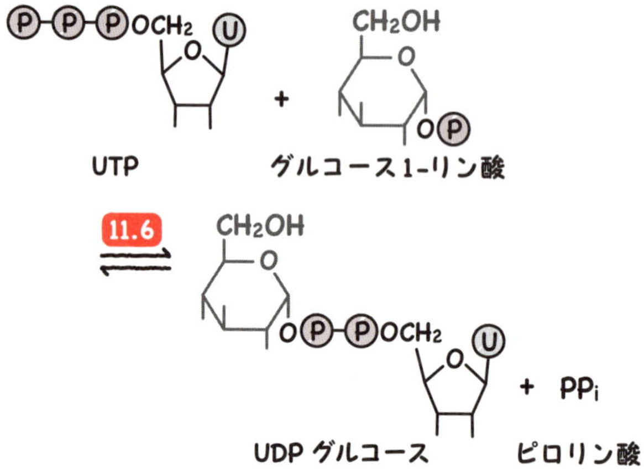

グリコーゲンシンターゼが，グリコーゲンの非還元末端にグルコースを $\alpha$-1,4結合させてグリコーゲンをのばしていきます(式11.7).

**11.7** glycogen synthase
グリコーゲン　シンターゼ
グリコーゲン　合成酵素

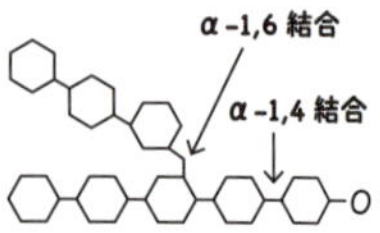

式11.7
UDPグルコース + グリコーゲン → UDP + グリコーゲン

$\alpha$-1,6 結合
$\alpha$-1,4 結合

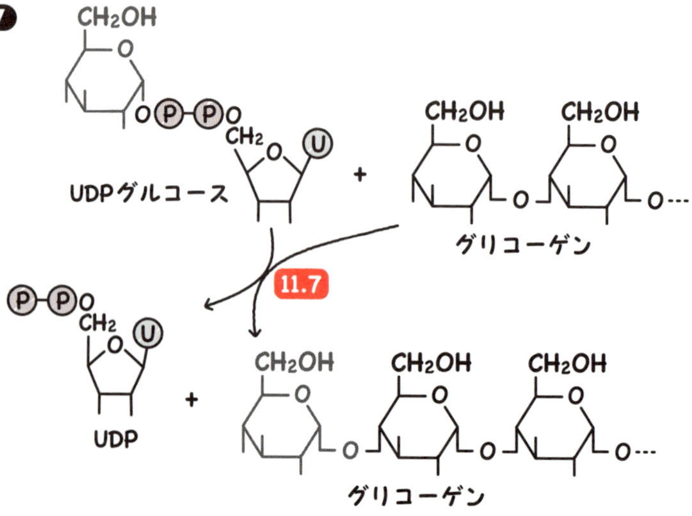

一方，エネルギーが必要になりグリコーゲンが分解されるときには，グリコーゲンホスホリラーゼにより加水分解されてグリコーゲンはグルコース1-リン酸となり（式11.8），式11.5の逆反応によりグルコース6-リン酸になって解糖系に入ります．

**11.8**

H₃PO₄ + オルトリン酸 + グリコーゲン → グルコース1-リン酸 + グリコーゲン

**11.8**
glycogen phosphorylase
**グリコーゲン**
*グリコーゲン*
**ホスホリラーゼ**
*加リン酸分解酵素*

## 3．解糖と糖新生の調節

解糖と糖新生は生体内のエネルギー状態に応じてよく調節されています．調節酵素は，経路中の不可逆反応を担っている酵素です（表11-1）．代謝経路の中間体や代謝調節物質で調節されます．

### ONE POINT

**ガラクトースの代謝**

ラクトース（乳糖）が分解されると，ガラクトースが生成します．ガラクトースは，まずガラクトキナーゼでガラクトース1-リン酸（Gal-P）となります．代謝の流れでは，Gal-P + UTP → UDP ガラクトース → UDP グルコース → グルコース1-リン酸となり，ホスホグルコムターゼでグルコース6-リン酸となって解糖系に入ります．また，UDP グルコースがグリコーゲンシンターゼによって直接グリコーゲンになる経路もあります．

---

**Column**

### お酒を飲んだあと，ラーメンを食べたくなるのはなぜ？

お酒を飲んでの帰り道，ラーメン屋さんの前までくるとむしょうにラーメンが食べたくなることがあります．これは「エタノール誘発性空腹時低血糖」と呼ばれるものです．ラーメンを食べると，ラーメンの小麦粉デンプンが腸でグルコースに分解されて吸収されます．お酒を飲んだあとは血糖値が下がるため，体がこの糖をほしがるのです．

エタノールは分解されてエネルギーを生成するのに，なぜさらに血糖値が下がるのでしょうか．アルコールデヒドロゲナーゼによりエタノールがアセトアルデヒドになるとき（式7.13），$NADH + H^+$ が肝臓で生成されます．糖新生経路の途中のサイトゾルの乳酸→ピルビン酸（式7.11）と，リンゴ酸→オキサロ酢酸（式8.9）の経路はともに $NADH + H^+$ 生成をともなうため，NADH 濃度が高くなると，ピルビン酸→乳酸，オキサロ酢酸→リンゴ酸に反応が傾き，乳酸からの糖新生が妨げられます．そのため，お酒を飲んだあとは血糖値が下がります．脳は血糖のグルコースしか消費しないため，血糖値が下がると，意識がもうろうとします．

表 11-1 解糖と糖新生の調節酵素

| 酵素名 | 活性化 | 阻害 |
|---|---|---|
| ヘキソキナーゼ 7.1 | — | グルコース6-リン酸 |
| ホスホフルクトキナーゼ 7.3 | $P_i$, AMP, ADP, フルクトース6-リン酸 | ATP, クエン酸, NADH |
| ピルベートキナーゼ 7.10 | $K^+$, AMP | ATP, アラニン |
| ピルベートカルボキシラーゼ 11.1 | アセチルCoA | — |
| フルクトース-1,6-ビスホスファターゼ 11.3 | ATP | AMP |

エネルギー充足率が上がると糖新生がはたらき，下がると解糖がはたらくというのが調節の基本です．たとえば，クエン酸はTCAサイクルでATPを多量に生産するため，これが多くあるとホスホフルクトキナーゼ 7.3 をとめます．また，アラニンはアミノトランスフェラーゼ 14.3 でピルビン酸となるため，これが多くあると，ピルビン酸合成のピルベートキナーゼをとめます．

代謝調節物質としてフルクトース2,6-ビスリン酸があります．この物質はグルコースが解糖系で分解されるときに生成され，グルコースの分解を促進します．この物質は微量でホスホフルクトキナーゼ，ピルベートキナーゼ 7.10 を活性化し，フルクトース-1,6-ビスホスファターゼ 11.3 を阻害します．

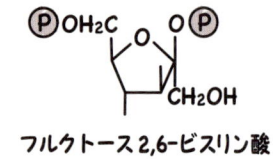

フルクトース 2,6-ビスリン酸

## 4．グリオキシル酸経路

ヒトは脂肪をアセチルCoAにしてTCAサイクルで分解しますが，アセチルCoAを糖にすることはできません．そのわけは式8.1の反応が不可逆であり，アセチルCoAをピルビン酸にすることができないからです．しかし，各種の細菌や植物では酢酸から糖を合成することができます．菜種のように油を貯蔵成分にしている植物では，発芽のときに脂肪酸を分解して得られたアセチルCoAから糖を合成する経路が存在します．この経路はグリオキシル酸経路と呼ばれています．

① アセチルCoAは，TCAサイクルでオキサロ酢酸＋アセチルCoA $\xrightarrow{(式8.2)}$ クエン酸 $\xrightarrow{(式8.3)}$ イソクエン酸となります．
② イソシトレートリアーゼにより，イソクエン酸はコハク酸とグリオキシル酸に分解されます．

## 4. グリオキシル酸経路

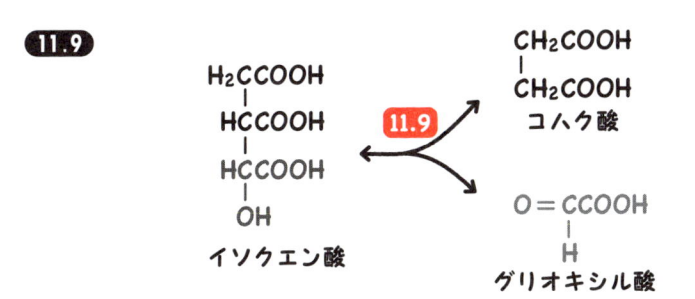

**11.9**

```
H₂CCOOH          CH₂COOH
 |                |
HCCOOH           CH₂COOH
 |          11.9  コハク酸
HCCOOH    ↗
 |       ↘
 OH         O=CCOOH
                |
イソクエン酸       H
                グリオキシル酸
```

**11.9**
isocitrate lyase
イソシトレート　リアーゼ
　イソクエン酸　脱離分解酵素

③ マレートシンターゼにより，アセチル CoA とグリオキシル酸からリンゴ酸を合成します．

---

### Column ダイエットすると脂肪はどうなる？

　ダイエットをはじめると糖の補給が少なくなるので，脂肪細胞の脂肪が分解されて脂肪酸になり，肝臓に運ばれます．しかし図11-1からもわかるように，アセチル CoA からは糖ができません．それではどのようにしてエネルギーを体の組織に運ぶのでしょうか．肝ミトコンドリアでは，脂肪酸をアセチル CoA にしたのち，HMG-CoA サイクルでアセト酢酸や3-ヒドロキシ酪酸に合成します．このとき，アセト酢酸の一部は脱炭酸されてアセトンになります．これらのケトン体は血液にでて各組織に運ばれ，その組織のミトコンドリアでアセチル CoA にもどされて TCA サイクルで分解されエネルギーをつくりだします．このように飢餓状態では，ケトン体の形でエネルギーを各組織に送るため，血液中に多量のケトン体がでてくることになります．そのため，ダイエット時の尿はケトン体特有の甘酸っぱいにおいがします．

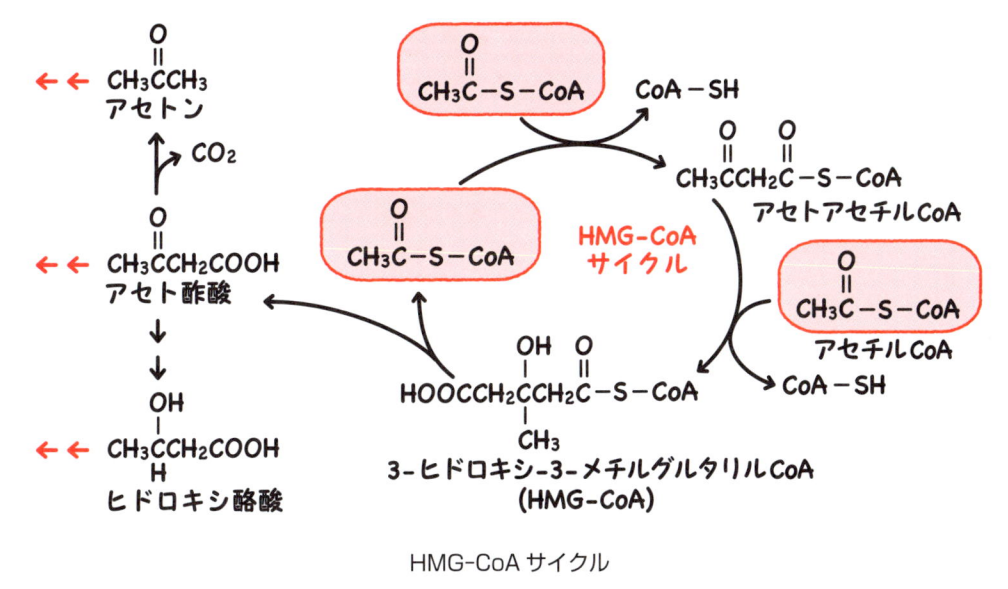

HMG-CoA サイクル

## 11.10 マレートシンターゼ malate synthase (リンゴ酸 合成酵素)

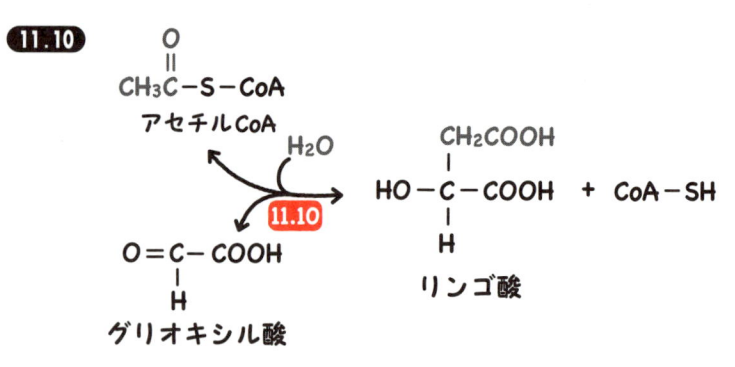

$$CH_3C(=O)-S-CoA + O=CH-COOH + H_2O \xrightarrow{11.10} HOOC-CH_2-CH(OH)-COOH + CoA-SH$$

アセチルCoA + グリオキシル酸 → リンゴ酸 + CoA-SH

式11.10は式8.2と同型式です．式11.9のコハク酸はリンゴ酸→オキサロ酢酸となり，①のために使われます．また，式11.10のリンゴ酸はオキサロ酢酸となり，細胞質にでて糖新生の経路に入ります．つまりイソクエン酸はこの経路で，TCAサイクルの式8.4，8.5で脱炭酸される代わりに，コハク酸とリンゴ酸という2分子のジカルボン酸にされています．ジカルボン酸の1分子は2分子のアセチルCoAから合成されていることになります．図11-2にグリオキシル酸経路を示しました．

## ONE POINT

**グリオキシソーム**

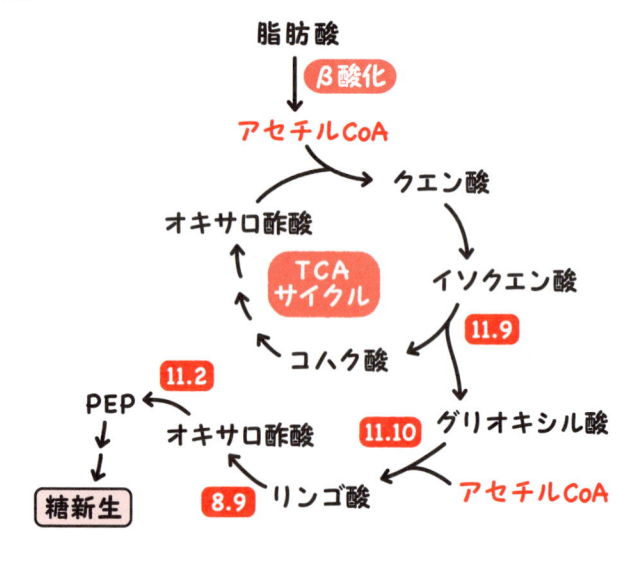

グリオキシル酸経路はグリオキシル酸サイクルともいう．植物ではグリオキシソームという細胞内器官に，この経路に特有の酵素であるイソシトレートリアーゼとマレートシンターゼが局在し，脂肪種子が発芽する時期にだけ発現する．この細胞内器官でアセチルCoA（炭素数2）2分子からジカルボン酸（炭素数4）1分子が合成される．

**図11-2 グリオキシル酸経路**

脂肪酸 →(β酸化)→ アセチルCoA → クエン酸 → イソクエン酸 →(11.9)→ グリオキシル酸 →(11.10, アセチルCoA)→ リンゴ酸 →(8.9)→ オキサロ酢酸 →(11.2)→ PEP → 糖新生

TCAサイクル：オキサロ酢酸 → クエン酸 → イソクエン酸 → コハク酸 → オキサロ酢酸

## 章末問題

（1）植物や微生物は脂質から糖を合成できるが，動物ではできない．これはなぜか．

（2）肝臓では，筋肉から送られた乳酸をグルコースに変えて血液に送りだす．このときに行われる，解糖の逆行でない反応を構造式で書け．

（3）グリオキシル酸経路においてアセチルCoAとグリオキシル酸からリンゴ酸ができる反応は，TCAサイクルのある反応と同じ形である．それはどの反応か．反応式を書け．

# 12章 光合成

すべての生物はこれがなくては生きられない

### この章で考える なぜ？

- 植物が，緑色をしているのはなぜだろう？
- 光合成によって二酸化炭素が吸収されて酸素が放出されるのは，なぜだろう？
- 野菜に含まれているカロテンには，どんな役割があるのだろう？
- 乾燥地に生えるサボテンは特別な光合成を行っている．それはなぜだろう？

太陽の光によって二酸化炭素と水から炭水化物をつくる光合成は，エネルギーと水素を得る明反応と，炭酸同化の光非依存反応（暗反応）からなります．

## 1. 明反応

明反応は次のようにイメージできます．太陽電池 PS I（photosystem I）と PS II（photosystem II）に光があたると，$H_2O$ から $NADP^+$ まで電子 $e^-$ が流れ，モーターがまわって $H^+$ イオンを屋上のタンクにためてから下方に流して動力を得ます（ADP → ATP）．それと同時に，水の電気分解装置（$O_2$ と $NADPH + H^+$ が発生）に電流を通します．太陽電池 PS I しかない場合は，モーターだけがまわり（ADP → ATP），水の電気分解は起こりません．PS I と PS II には，光を集める光合成色素クロロフィルや集光補助色素カロテノイドが含まれています．

植物細胞中のクロロプラスト（葉緑体）は，「ストロマ」と呼ばれるマトリクス部分と，チラコイド膜からなります．チラコイド膜が折りたたまれた部分は「グラナ」と呼ばれ，PS II が分布しています．PS I は，グラナ以外のチラコイド膜上にあります．チラコイド膜内に電子が流れると，水素イオンはストロマからチラコイド膜の内側に

### ONE POINT

**葉っぱが緑色なのは**

クロロフィルは，太陽光の可視部の緑色光を吸収しないで透過するため，人の目には植物の葉が緑色にみえます．太陽電池が黒くみえるのは，可視部の光をすべて吸収するためです．

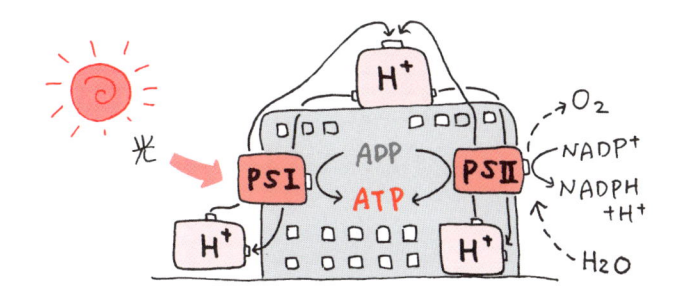

## 12章 光合成

### フェレドキシン
フェレドキシンは，鉄と硫黄を含む褐色のタンパク質群である．電子キャリアー（電子の運び屋）として，光合成の光リン酸化だけでなく，還元的TCAサイクル，窒素固定，窒素同化，硫酸の硫黄同化にも登場する．電子を受けとった還元型フェレドキシンは，強力な還元剤として多くの生体内の反応系に関与する．

くみだされ，それがストロマ内にもどるときにADPがATPになります（光リン酸化）．電子はフェレドキシンから$NADP^+$にわたされて，水素イオンとNADPHになります（図12-1）．

膜を介した水素イオン濃度勾配を利用してATPをつくる仕組みは，ミトコンドリアの酸化的リン酸化と同じです．

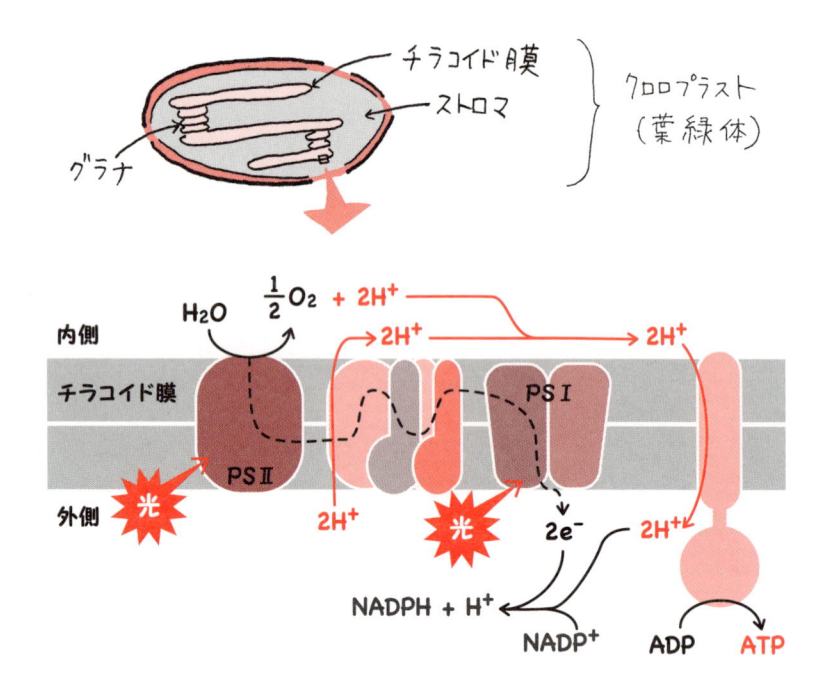

### 図12-1 明反応の仕組み
光がクロロフィルに吸収されて，水は酸素，水素イオンと電子に分割されます．電子はチラコイド膜を構成する電子伝達物質のなかを流れるあいだにストロマからチラコイド内膜に水素イオンをくみだします．くみだされた水素イオンがストロマにもどるときADPはリン酸化されてATPができます．

---

### かいせつ

### クロロフィル

太陽光を化学エネルギーに変えるには光を吸収する物質が必要で，クロロフィル（葉緑素）は赤色光と青紫光を吸収してATPを生成するためのエネルギーを生みだしています．

赤血球中のヘモグロビンに含まれるヘムは，テトラピロール環のポルフィリンと$Fe^{2+}$の錯体です．一方，クロロフィル（葉緑素）はヘムと似たポルフィリン構造をしていますが$Fe^{2+}$ではなく$Mg^{2+}$と錯体を形成しています．

クロロフィル a

### VITAMIN ONE POINT

**ビタミンA**

欠乏症として夜盲症が知られています．ビタミン$A_1$（レチノール）は目の網膜の光を感じる細胞に必要です．ビタミンA前駆体のβ-カロテン（カロチンともいいます）はビタミン$A_1$が2分子結合したような形で，これが生体内で切断されてビタミンAができます．ニンジンに多く含まれるカロテノイドの一種β-カロテンは，構造からみてもわかるように油に溶けやすいため，チャーハンのように油炒めにすると腸から吸収されやすくなります．

β-カロテン　　ビタミン$A_1$（レチノール）

## 2．光非依存反応（暗反応）

　光非依存反応は，明反応で生まれたATPとNADPH＋$H^+$で$CO_2$をC($H_2O$)に還元することです．以前は暗反応と呼ばれていましたが，実際には還元的ペントースリン酸回路の中の調節酵素は，暗いところでは不活性化されるため反応は進行しません．呼吸の反応式は

$$C_6H_{12}O_6 + 6O_2 + 6H_2O \rightarrow 6CO_2 + 12H_2O$$

となります．TCAサイクルでピルビン酸を1分子分解するために水3分子がつかわれます．このためグルコース1分子では水6分子が分解に必要です．この反応で32ATPができます．一方，光合成では

$$6CO_2 + 12H_2O \rightarrow C_6H_{12}O_6 + 6O_2 + 6H_2O$$

となり，12分子の水が分解されて12分子の$H_2$と6分子の$O_2$が生成されます．12分子の$H_2$は6分子の$CO_2$の還元につかわれ，このとき6分子の$H_2O$と1分子の$C_6H_{12}O_6$（グルコース）ができます．このように呼吸と光合成は逆向きの反応系です．呼吸は炭水化物を酸素で燃やしてエネルギー源とし，光合成では光のエネルギーで$CO_2$を炭水化物に還元します．このことから，ほとんどすべての生命のエネルギー源が太陽光からきていることがわかります．石油は化石エネルギーといわれますが，これも昔の光合成産物です．

　それでは，どのような方法で二酸化炭素を還元するのでしょうか．いままでの代謝で，$CO_2$の発生する経路としてペントースリン酸経路（サイクル）とTCAサイクルをみてきました．原理的にはこれらの経

路を逆回転させると$CO_2$がとり込まれることになります。ペントースリン酸経路やTCAサイクルは酸化経路ですので、その逆回転経路は還元的ペントースリン酸サイクル（カルビンサイクル）や還元的TCAサイクルと呼ばれています。植物の場合は還元的ペントースリン酸経路で$CO_2$を同化し、一部の光合成細菌では還元的TCAサイクル*もつかわれています。

還元的ペントースリン酸サイクルでは、まず二酸化炭素をとり込むルビスコと呼ばれる酵素がはたらきます。ルビスコはリブロース-1,5-ビスホスフェートカルボキシラーゼ/オキシゲナーゼ（<u>ribulose-1,5-bisphosphate carboxylase-oxygenase</u>：RuBisCO）の略です。この酵素の反応は極端に遅く、それを補うために植物はルビスコを大量につくります。その量は葉のタンパク質の半分にもなり、ルビスコは地球上にもっとも多く存在する酵素といわれます。

> *還元的TCAサイクルは、ここではくわしく説明しませんが、TCAサイクルの一方通行の反応（式8.1と8.5）を逆反応させることを可能にする強力な還元剤として、光リン酸化ででてきたフェレドキシンと呼ばれるタンパク質がつかわれます。

## ONE POINT

**石油はなにからできる？**

石油はおもに液状炭化水素からできている。これは昔、海や沼で繁殖した微生物や藻類などの死骸有機物が砂層や砂岩の地層に集積し、酸素から遮断された状態で地熱や地圧などにより分解されてできた。そのため、石油を"化石エネルギー"という。石油をつくる微生物や藻類なども、もとをただせば光合成のエネルギーによってつくられている。

**12.1 RuBisCO**
リブロース- | 1,5-ビスホスフェート
リブロース | 1,5-ビスリン酸
**カルボキシラーゼ/**
カルボキシル化酵素
**オキシゲナーゼ**
酸素とり込み酵素

**RuBisCO**
RuBisCOは二酸化炭素をとり込む反応を触媒する。$^{14}C$（図の白文字C）で標識した$CO_2$をつかうと、1分子のリブロース1,5-ビスリン酸にとり込まれた$CO_2$の炭素Cは、生成する2分子のうちの一方の3-ホスホグリセリン酸中のカルボキシ基の炭素Cとなることがわかる。

**12.1** 

リブロース1,5-ビスリン酸 + $CO_2$ → [中間体] + $H_2O$ → 3-ホスホグリセリン酸（2分子）

式12.1では、この酵素により1分子のリブロース1,5-ビスリン酸から2分子の3-ホスホグリセリン酸ができます。

このあと解糖系の（式7.7→式7.6）により、グリセルアルデヒド3-リン酸にまでなります。このときの式7.6の水素供与体はNADPH + $H^+$で、解糖系の反応でつかわれた$NAD^+$とは異なります*。

生成されたグリセルアルデヒド3-リン酸（三炭糖）6分子のうち1分子は、糖新生経路で炭水化物として貯蔵されます。残りの5分子の三炭糖は3分子の五炭糖に変えられ、式12.1にふたたびつかわれます。この部分もペントースリン酸サイクルの逆回転ですが、一部の酵素系

> *生成系は$NAD^+$ではなく、$NADP^+$をつかいます（p.86参照）。

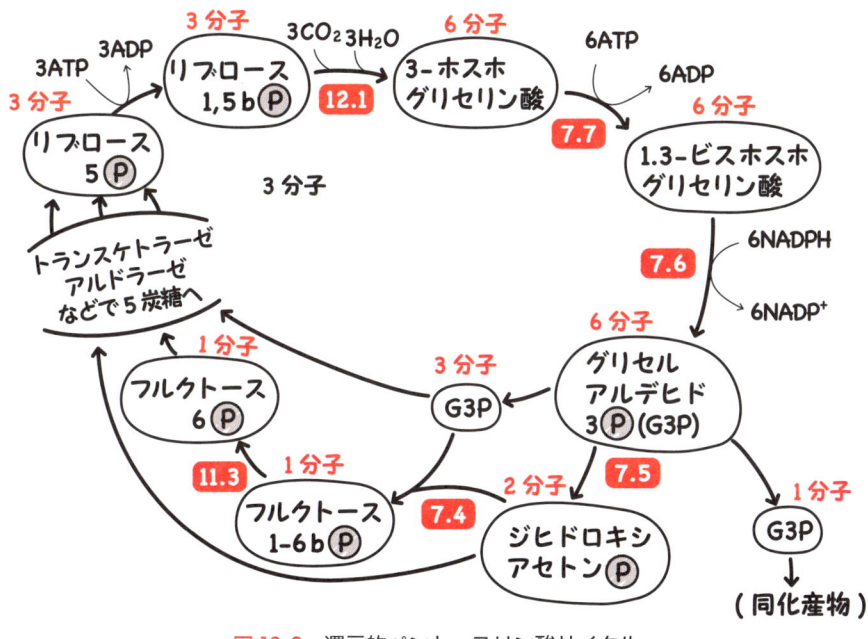

図12-2 還元的ペントースリン酸サイクル

が違っています．還元的ペントースリン酸サイクルの全体図を図12-2に示しました．

## 3．$C_4$植物での光合成

熱帯性植物のサトウキビやトウモロコシでは，$CO_2$のとり込み口がルビスコではなく，PEPカルボキシラーゼです（式12.2）．ルビスコでは，$CO_2$がとり込まれてできる最初の光合成産物が3-ホスホグリセリン酸で炭素数が3です．このタイプの植物を$C_3$植物といいます．これに対しPEPカルボキシラーゼの場合は，オキサロ酢酸（炭素数4）が生じるため，このタイプの植物を$C_4$植物といいます．

12.2
PEP carboxylase
PEP カルボキシラーゼ
PEP カルボキシ化酵素

PEPカルボキシラーゼは，ルビスコより$CO_2$に対する親和性が高く，低濃度の$CO_2$もとり込むことができます．熱帯では葉から水分が

失われるのを防ぐために，維管束が維管束鞘細胞と葉肉細胞でとり囲まれており，葉にとり込まれる$CO_2$量が少なくなり，このようなとり込み方法ができたと思われます．オキサロ酢酸の形でとり込まれた$CO_2$はリンゴ酸の形で維管束鞘細胞に入り，そこで放出された$CO_2$は式12.1の反応で還元的ペントースリン酸回路に入ります．$CO_2$を放出したあとのピルビン酸は葉肉細胞にもどり，ピルベートオルトホスフェートジキナーゼにより PEP にもどされ（式12.3），ふたたび $CO_2$ を受けとります．

**12.3**
pyruvate orthophosphate dikinase
ピルベート　オルトホスフェート
　ピルビン酸　　　リン酸
　　　　　ジキナーゼ
　　　　（二つの）リン酸化酵素

$$\underset{\text{ピルビン酸}}{\begin{array}{c}COOH\\|\\C=O\\|\\CH_3\end{array}} + ATP + H_3PO_4 \xrightarrow{12.3} \underset{\text{PEP}}{\begin{array}{c}COOH\\|\\C-O\text{\textcircled{P}}\\||\\CH_2\end{array}} + AMP + PP_i$$

　$C_4$植物は，図12-3に示すような経路で$CO_2$を維管束鞘細胞に送り込みます．作物として重要なトウモロコシ，キビ，サトウキビとは別に，イヌビエやギョウギシバなど多くの強勢な雑草も$C_4$植物として知られています．

**図 12-3　$C_4$植物の炭酸同化経路（$C_4$経路）**
PEP は $CO_2$ をとり込んで $C_4$ 化合物のオキサロ酢酸になり，次にリンゴ酸となって葉肉細胞から維管束鞘細胞に運ばれ，$CO_2$ を放出してピルビン酸になります．$CO_2$ はカルビンサイクルでふたたび有機物にとり込まれます．ピルビン酸は葉肉細胞にもどって PEP になり，ふたたび $CO_2$ の受け手になります．

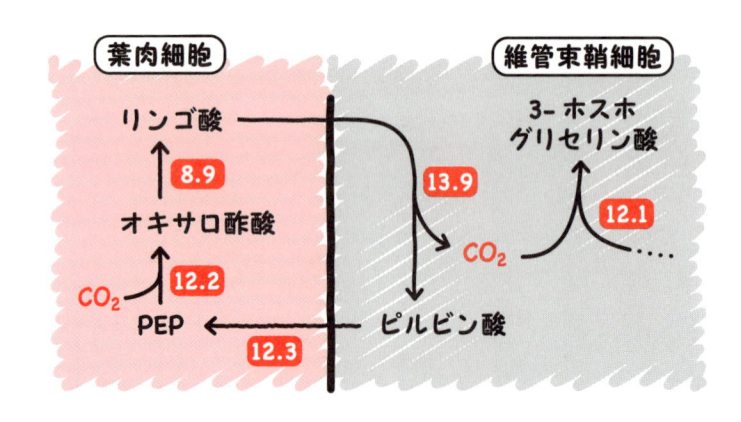

## 4．CAM 植物での光合成

　パイナップル，ベンケイソウ，サボテンなど，乾燥の厳しいところに生育する植物は，日中は気孔を閉じています．しかしそのままでは$CO_2$がとり込めないため，夜，気孔を開けて PEP カルボキシラーゼで$CO_2$を同化し，オキサロ酢酸→リンゴ酸の形で蓄えます．そして昼

に細胞内で$CO_2$を放出して，ルビスコで同化するという方法をとっています．$C_4$植物では，葉肉細胞と維管束鞘細胞というように空間的に$CO_2$の同化を分業しているのに対し，これらの植物では時間的分業をしているといえます．このような炭酸同化システムをもつ植物をCAM植物といいます．CAMとは，ベンケイソウ型有機酸代謝（crasslacean acid metabolism）の略です．

## 5. 光呼吸

$C_3$植物では，$CO_2$濃度が低いときに光の強度を上げると，ルビスコが"$O_2$を吸収して$CO_2$を放出する"反応を行います（式12.4）．この現象を光呼吸といいます．これは，$CO_2$に対するルビスコの親和性が低いので，$CO_2$の代わりに$O_2$を吸収するために起こります．ルビスコの酵素名の最後についている"オキシゲナーゼ"は，この反応を指しています．

**12.4**

リブロース1,5-ビスリン酸 → [中間体] → ホスホグリコール酸 + 3-ホスホグリセリン酸（$CH_2$を放出）

### ONE POINT

**光呼吸の理由**

$C_3$植物では，光強度が上がると明反応の酸素発生にみあう暗反応の$CO_2$が足りなくなるため，酸素をとり込みます．一方，$C_4$植物ではルビスコのある維管束鞘細胞の$CO_2$濃度が高く，光強度が上がっても酸素をとり込むことはありません．加えて$C_3$植物は水分の蒸発を防ごうと気孔を閉じるため，さらに$CO_2$が足りなくなります．この時，明反応が進んで光電子伝達系で過還元・過エネルギー状態になると，細胞へのダメージがさけられません．そこで光呼吸によりATPとNADPHを消費してこの状態を回避すると考えられています．

---

### 🐰 章末問題 🐰

（1）植物の葉が緑色をしているのはなぜか．

（2）光合成の反応式は以前以下のようにも示されていた．

$$6CO_2 + 6H_2O \longrightarrow C_6(H_2O)_6 + 6O_2$$

現在つかわれている光合成の式を示せ．

（3）十分に水分のあるガラスの密閉容器に，$C_3$植物と$C_4$植物を同時に入れて光照射下で生育させるとどうなるか．

（4）ある熱帯の植物を噛むと，早朝は酸っぱく，時間がたつにつれてだんだん無味となる．これはなぜか．

# 13章 脂肪酸合成
## エネルギーが脂肪に変わるとき

**この章で考える なぜ？**

- 油っこいものを食べると太りやすいのは，なぜだろう？
- なぜ体のなかで，糖は脂肪に変えられるの？
- アルコールが脂肪としてため込まれないのは，なぜだろう？

　脂肪を含んだ食事をとると脂肪が体に蓄えられるのはイメージしやすいですが，炭水化物をとっても体のなかでは脂肪に変えられて，体に蓄えられます．ここでは，肝臓で糖が脂肪酸になる生合成経路をみていきましょう．β酸化経路とはまったく別の酵素で脂肪酸が合成されていきます．この脂肪酸合成は，動物ではおもにサイトゾルで，植物では色素体で行われます．

## 1．脂肪酸合成の各反応

　まず糖がたくさんあると，解糖系で生成したピルビン酸からたくさんのアセチル CoA がミトコンドリアでつくられます．これはクエン酸を経て細胞質に送られます．そこでアセチル CoA カルボキシラーゼによりアセチル CoA のメチル基がカルボキシ化されて，マロニル CoA となります（式13.1）．

**13.1** acetyl-CoA carboxylase
アセチル CoA
アセチル CoA
カルボキシラーゼ
カルボキシ化酵素

**式13.1**
$$CH_3C(=O)-S-CoA + HCO_3^- + ATP \xrightarrow{13.1} HOOCCH_2C(=O)-S-CoA + ADP + P_i$$
アセチル CoA　　　　　　　　　　　　マロニル CoA

　このとき ATP がつかわれます．ATP はアセチル CoA を脂肪酸合成系に向かわせるシグナルで，アセチル CoA の活性化剤でもあります．この反応には補欠分子族ビオチン（p.97参照）が必要です．

## 1. 脂肪酸合成の各反応

次に ACP(acyl carrier protein)という，アシル基と結合するタンパク質が脂肪酸の合成を触媒します(式13.2〜13.7).

$$R-\overset{O}{\underset{\|}{C}}-$$
アシル基

**13.2**
$$CH_3\overset{O}{\underset{\|}{C}}-S-CoA + ACP-SH \rightleftharpoons CH_3\overset{O}{\underset{\|}{C}}-S-ACP + CoA-SH$$
アセチル CoA　　　　　　　　　　　アセチル ACP

**13.2** ACP アセチルトランスフェラーゼ
ACPにアセチル基を転移する酵素

**13.3**
$$HOOCCH_2\overset{O}{\underset{\|}{C}}-S-CoA + ACP-SH \rightleftharpoons HOOCCH_2\overset{O}{\underset{\|}{C}}-S-ACP + CoA-SH$$
マロニル CoA　　　　　　　　　　　マロニル ACP

**13.3** ACP マロニルトランスフェラーゼ
ACPにマロニル基を転移する酵素

**13.4**
$$CH_3\overset{O}{\underset{\|}{C}}-S-ACP + HOOCCH_2\overset{O}{\underset{\|}{C}}-S-ACP$$
アセチル ACP　　　　　　マロニル ACP

$$\rightleftharpoons CH_3\overset{O}{\underset{\|}{C}}CH_2\overset{O}{\underset{\|}{C}}-S-ACP + ACP-SH + CO_2$$
3-オキソアシルACP

**13.4** acetyl-CoA carboxylase
3-オキソアシル ACP シンターゼ
3-オキソアシル ACP 合成酵素

**13.5**
$$CH_3\overset{O}{\underset{\|}{C}}CH_2\overset{O}{\underset{\|}{C}}-S-ACP + NADPH + H^+$$
3-オキソアシルACP

$$\rightleftharpoons D(-)CH_3CH(OH)CH_2\overset{O}{\underset{\|}{C}}-S-ACP + NADP^+$$
3-ヒドロキシアシルACP

**13.5** acetyl-CoA carboxylase
3-オキソアシル ACP レダクターゼ
3-オキソアシル ACP 還元酵素

**13.6**
$$CH_3\overset{OH}{\underset{|}{CH}}CH_2\overset{O}{\underset{\|}{C}}-S-ACP$$
3-ヒドロキシアシル ACP

$$\rightleftharpoons CH_3CH\overset{トランス}{=}CH\overset{O}{\underset{\|}{C}}-S-ACP + H_2O$$
エノイルACP

**13.6** acetyl-CoA carboxylase
3-ヒドロキシアシル ACP デヒドラターゼ
3-ヒドロキシアシル ACP 脱水酵素

**13.7**
$$CH_3CH=CH\overset{O}{\underset{\|}{C}}-S-ACP + NADPH + H^+$$
エノイルACP

$$\rightleftharpoons CH_3CH_2CH_2\overset{O}{\underset{\|}{C}}-S-ACP + NADP^+$$
ブチリルACP

**13.7** エノイル ACP レダクターゼ
エノイル ACP 還元酵素

## ACP

ACPは，パントテン酸（p.77参照）を含むホスホパンテテインのリン酸基がタンパク質のセリン残基の−OHとエステル結合した構造をしている．ACPのアシル基に結合する部分は，ホスホパンテテインの−SH基である．CoA-SHの構造はホスホパンテテインのリン酸基とAMPのリン酸基がエステル結合したもので，ACPとよく似ている．

まずアセチルCoAのアセチル基，マロニルCoAのマロニル基がそれぞれACPタンパク質に転移され，それぞれアセチルACPとマロニルACPが生成します（式13.2, 13.3）．次にアセチルACPのアセチル基がマロニルACPに転移されます．これを縮合ともいいます（式13.4）．続いて還元（式13.5），脱水（式13.6），2回目の還元（式13.7）を経て，四つの炭素をもつアシル基がつくられます．β-酸化（11章）ではNADHが生成しますが，脂肪酸合成にはNADPHを消費します．

反応生成物のアシルACP（1回目はブチリルACP）は式13.4にもどり，式13.4から13.7を繰り返して二つずつ炭素数を増やしていきます．最後にパルミトイルACPは加水分解され，パルミチン酸ができます．

**13.8** アシルACP ヒドロラーゼ
アシルACP 加水分解酵素 *malic enzyme*

**13.8**
$$CH_3(CH_2)_{14}\overset{O}{\underset{\|}{C}}-S-ACP + H_2O \rightleftharpoons CH_3(CH_2)_{14}COOH + HS-ACP$$
パルミトイルACP  パルミチン酸

脊椎動物では，式13.1〜13.8のこれら8種類の反応を，ACPが組み込まれた大きな一つのタンパク質（脂肪酸シンターゼ）が行っています．植物や細菌では，8種類それぞれの反応を別べつの酵素とACPが担っています．

肝細胞での脂肪酸の合成には，いままでにでてきた酵素以外に，以下の酵素も関与します．

**13.9** *malic enzyme* リンゴ酸酵素

**13.9**
$$\begin{array}{c}COOH\\|\\HOCH\\|\\CH_2\\|\\COOH\end{array} + NADP^+ \rightleftharpoons \begin{array}{c}COOH\\|\\C=O\\|\\CH_3\end{array} + NADPH + H^+ + CO_2$$
リンゴ酸  ピルビン酸

式13.9では，リンゴ酸酵素により，リンゴ酸をピルビン酸にします．

## 1. 脂肪酸合成の各反応

**13.10**

$$\underset{\text{クエン酸}}{\begin{array}{c}CH_2COOH\\|\\HOCCOOH\\|\\CH_2COOH\end{array}} + ATP + CoA-SH \xrightarrow{\boxed{13.10}}$$

$$\underset{\text{アセチルCoA}}{CH_3\overset{O}{\overset{\|}{C}}-S-CoA} + \underset{\text{オキサロ酢酸}}{\begin{array}{c}COOH\\|\\C=O\\|\\CH_2\\|\\COOH\end{array}} + ADP + H_3PO_4$$

**13.10** ATP-citrate lyase
ATP シトレート
ATP クエン酸
リアーゼ
脱離酵素

式13.10では，ATPシトレートリアーゼにより，クエン酸をオキサロ酢酸とアセチルCoAに解離します．

---

### Column: お酒だけでは太らない？

お酒やビールの好きな人には，肥満体が多いように思えます．これはなぜでしょうか？

いままでの知識では，エタノールは酢酸からアセチルCoAとなるため，脂肪酸合成にまわされて脂肪になると思われがちですが，実際にはエタノールから脂肪にはならないようです．

脂肪酸合成を行う肝臓では，エタノールはアセトアルデヒドを経て酢酸になります．肝ミトコンドリアではアセトアルデヒドが酢酸になるとき(p.83参照)NADH + H$^+$が生成されるため，(NADH + H$^+$)/NAD$^+$ 比が高くなると，TCAサイクルが止まります．それは式8.4, 8.5, 8.9の平衡が逆方向に傾くためです．その結果，アセチルCoAからクエン酸合成への経路は止まり，酢酸は肝外組織へでて，別の組織でアセチルCoAとなり(**10.1**)，TCAサイクルで分解されます．

アルコール性脂肪肝や肥満は，アルコール摂取によりエネルギーが過多となって，そこにさらに食事をするために，本来なら消費される糖や脂肪が分解されずに脂肪となって蓄積されるためなのです．

🍖 + 🍺 = 肥満？

## 2. 代謝の全体像

ここまでにみてきた酵素群を組み合わせて行われている，肝細胞の脂肪酸合成経路の全体図を図13-1に示しました．肝細胞は，とり込んだグルコースを代謝して必要なエネルギーをとりだし，余った分を脂肪酸にして蓄積しています．

### ONE POINT

**テレビを見ながらせんべいを食べていると…**

せんべいのデンプンは，腸でグルコースとなり肝臓に運ばれる．
↓
グルコースは解糖系でピルビン酸となり，ミトコンドリアに入る．
↓
ピルビン酸は $CO_2$ をとり込んでオキサロ酢酸となり，また別のピルビン酸はアセチルCoAとなる．
↓
このオキサロ酢酸とアセチルCoAからクエン酸ができるが，細胞にエネルギーがありあまっていると，クエン酸はTCAサイクルでは分解されずに細胞質へでて，アセチルCoAとオキサロ酢酸にもどる．
↓
アセチルCoAは脂肪酸合成経路に送られ，最後は脂肪として脂肪細胞に蓄積する．
細胞質のオキサロ酢酸は，リンゴ酸からピルビン酸になり，ミトコンドリアに入ってアセチルCoAになると，ふたたび脂肪酸合成のためのクエン酸になる．
↓
こうしてせんべいはあなたの脂肪になっています．

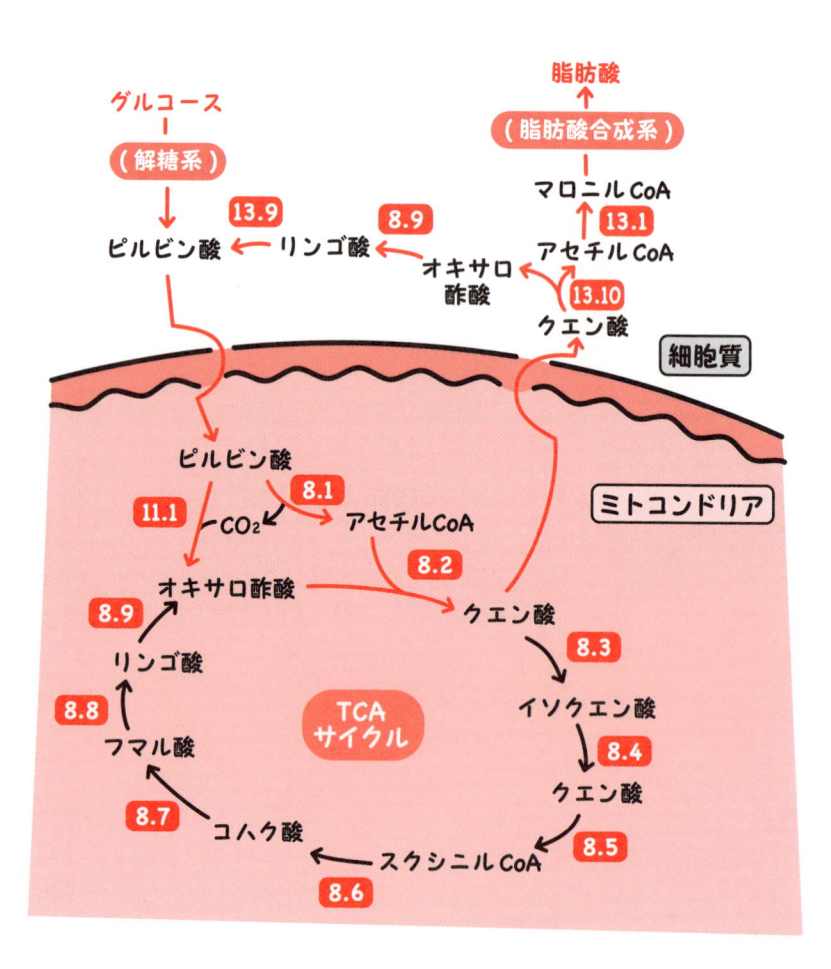

**図 13-1　肝細胞における炭素代謝の全体像**

### 章末問題

（1）必須脂肪酸を動物は合成できない．もしあなたが，野菜をとらず，肉や卵，牛乳だけで生活すると必須脂肪酸欠乏症になるだろうか．

（2）脂肪酸合成の鍵酵素であるアセチルCoAカルボキシラーゼは，クエン酸で活性が促進される．これはなぜか．

# 14章 窒素同化とアミノ酸代謝

窒素がなければタンパク質もアミノ酸もありえない

### この章で考える なぜ？

- 私たち動物が，炭水化物と水だけで生きられないのはなぜだろう？
- マメ科の植物がやせた土地でもよく育つのは，なぜだろう？
- なぜ植物細胞は，自分で窒素を固定することができないのだろう？
- 私たちが尿をだすのは，なぜだろう？

　窒素 N はタンパク質や核酸の成分であり，生体内で C, H, O について多く含まれる元素です．そのため，窒素固定や窒素同化とよばれる反応は生物にとって呼吸や光合成と同じようにとても重要な反応です．

　無機態の窒素であるアンモニア（$NH_3$）や硝酸（$NO_3^-$）からアミノ酸を合成する窒素同化（assimilation）と，大気中の窒素ガス（$N_2$）をアンモニアにまで還元する窒素固定（fixation）は区別されています．

## 1. 窒素固定

　生物に必要な窒素のほとんどは，数種の細菌による窒素固定で供給されます．

　細菌による窒素固定の多くは，ニトロゲナーゼ（nitrogenase）系と呼ばれる大気中の $N_2$ を $NH_3$ に還元する反応系によって行われます．そのような細菌の仲間である根粒細菌は，糖の代謝から得られた電子 $e^-$ の一部をつかって酸化的リン酸化反応で ATP を生成し，これを窒素固定のエネルギーに利用します（図14-1）．この反応には酸素が必要ですが，ニトロゲナーゼ系の反応には無酸素（嫌気）条件でしか進みません．そこで酸素はレグヘモグロビンと結合して酸化的リン酸化反応に運ばれます．一方，電子 $e^-$ は，フェレドキシンなどの電子キャリアーを経て，鉄（Fe）タンパク質とモリブデン・鉄（Mo・Fe）タンパク質からなるニトロゲナーゼ系に送られ，$N_2$ を $NH_3$ に還元します．生成

### 無機態の窒素

植物が窒素同化に利用する窒素は，畑地のような好気条件にある硝酸（$NO_3^-$）態窒素や，水田のような嫌気条件にあるアンモニア（$NH_3$）態の無機態の窒素である．アミノ酸など，生物がつくりだす含炭素化合物や尿素（$NH_2CONH_2$）は有機態の窒素という．

### 生物界の N の由来

大部分の植物は，大気中から固定された状態の窒素（無機態の窒素）を環境から得ている．ほ乳類はこれらの生物を食べることで，生体に必要な"必須アミノ酸"（p.42参照）を得ている．

### 根粒細菌

窒素固定を行う細菌の仲間．マメ科植物の根に根粒細菌（*Rhizobium*）が感染すると，根の細胞は分裂して根粒を形成しレグヘモグロビンタンパク質をつくるようになる．根粒細菌も単独では鞭毛をもっているが，根粒内では共生型のバクテロイドという無鞭毛型になり，ニトロゲナーゼ系の酵素をつくり $N_2$ をアンモニアに還元するようになる．

**レグヘモグロビン**
レグ(leg：豆)ヘモグロビン(hemoglobin)は，ヒトのヘモグロビンと同じように酸素と結合して特定の反応に酵素を運ぶ．一方で根粒のほかの場所への酸素の接近を防いでいる．

されたアンモニアはただちに窒素同化経路でアミノ酸になり，植物の各組織に送られます．

窒素固定にはほかに，触媒をつかって工業的に肥料用のアンモニアを合成するものがあります．

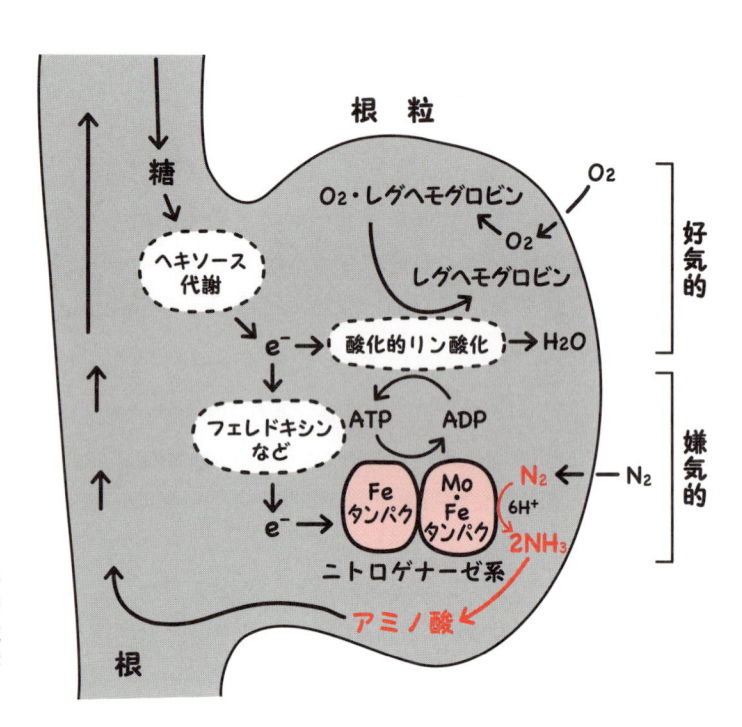

**図14-1 根粒細菌の窒素固定**
根粒内では窒素をアンモニアに還元するための嫌気条件と，窒素を固定するエネルギーであるATP生成の酸化的リン酸化のための好気条件の両方が必要であり，根粒内は両条件が満たされるようなつくりになっている．

## 2．アンモニアの同化

窒素固定によって得られたアンモニアは，次のようにグルタミンを経て生体内にとり込まれていきます*．

*安定同位体の$^{15}$NでアンモニアのNをラベルした追跡実験により，アンモニアを最初に有機態窒素にとり込む化合物はグルタミン酸であり，続いてグルタミン中の$^{15}$Nのアミド2-オキソグルタミン酸が受け取ることが明らかになった．

**14.1**

$$\begin{array}{c} COOH \\ | \\ H_2NCH \\ | \\ CH_2 \\ | \\ CH_2 \\ | \\ COOH \end{array} + ATP + NH_3 \longrightarrow \begin{array}{c} COOH \\ | \\ H_2NCH \\ | \\ CH_2 \\ | \\ CH_2 \\ | \\ CONH_2 \end{array} + ADP + H_3PO_4$$

グルタミン酸　　　　　　　　　　　　　　　グルタミン

**14.1**
glutamine synthetase
グルタミン　シンテターゼ
グルタミン　合成酵素

式14.1では，グルタミンシンテターゼにより，グルタミン酸のγ位のカルボキシ基にアンモニアがアミド基としてとり込まれます．

**14.2**

$$\begin{array}{c} \text{COOH} \\ | \\ \text{C}=\text{O} \\ | \\ \text{CH}_2 \\ | \\ \text{CH}_2 \\ | \\ \text{COOH} \end{array} \quad + \text{NADPH} + \text{H}^+ + \\ (2\text{Fd}^{2+} + 2\text{H}^+) \quad \begin{array}{c} \text{COOH} \\ | \\ \text{H}_2\text{NCH} \\ | \\ \text{CH}_2 \\ | \\ \text{CH}_2 \\ | \\ \text{CONH}_2 \end{array}$$

2-オキソグルタル酸　　　　　　　　グルタミン

$$\longrightarrow \begin{array}{c} \text{COOH} \\ | \\ \text{H}_2\text{NCH} \\ | \\ \text{CH}_2 \\ | \\ \text{CH}_2 \\ | \\ \text{COOH} \end{array} + \text{NADP}^+ + \\ (2\text{Fd}^{3+}) \quad \begin{array}{c} \text{COOH} \\ | \\ \text{H}_2\text{NCH} \\ | \\ \text{CH}_2 \\ | \\ \text{CH}_2 \\ | \\ \text{COOH} \end{array}$$

グルタミン酸　　　　　　　　グルタミン酸

式14.2では，グルタメートシンターゼが，式14.1でできたグルタミンのアミド基を2-オキソグルタル酸のケト基に転移して，2分子のグルタミン酸を生成します．このときの還元剤は，根ではNADH（またはNADPH）+ H$^+$，葉では還元型フェレドキシンFd$^{2+}$です．このグルタメートシンターゼは動物にはありません．

**14.3**

$$\begin{array}{c} \text{COOH} \\ | \\ \text{C}=\text{O} \\ | \\ \text{R} \end{array} + \begin{array}{c} \text{COOH} \\ | \\ \text{H}_2\text{NCH} \\ | \\ \text{CH}_2 \\ | \\ \text{CH}_2 \\ | \\ \text{COOH} \end{array} \rightleftharpoons \begin{array}{c} \text{COOH} \\ | \\ \text{H}_2\text{NCH} \\ | \\ \text{R} \end{array} + \begin{array}{c} \text{COOH} \\ | \\ \text{C}=\text{O} \\ | \\ \text{CH}_2 \\ | \\ \text{CH}_2 \\ | \\ \text{COOH} \end{array}$$

ケト酸　　　　　グルタミン酸　　　　アミノ酸　　　　2-オキソグルタル酸
（例：オキサロ酢酸）　　　　　　（例：アスパラギン酸）

次に，アミノトランスフェラーゼにより，グルタミン酸のアミノ基は別のケト酸に移されます（式14.3）．この反応は可逆的で，アミノ酸の分解経路では，アミノ酸のアミノ基を2-オキソグルタル酸に移して，さまざまなケト酸が生成されて代謝されます．このグルタミン酸型のアミノトランスフェラーゼのほかにアラニン型アミノトランスフェラーゼもあり，アラニンのアミノ基をいろいろなケト酸に転移します．この酵素の反応には，補酵素としてピリドキサルリン酸が必要です．式14.1，14.2，14.3の組合せでアンモニアをいろいろなケト酸

---

**14.2**
glutamate synthase
グルタメート シンターゼ
グルタミン酸　合成酵素

**ONE POINT**

**安定同位体 $^{15}$N**

代謝経路のトレーサー（tracer：追跡）実験によく用いられる$^{14}$C，$^{3}$H，$^{32}$Pなどの放射性同位体（RI：radioactive isotope）は電子線（β線）を放出するため検出しやすいのが特長です．しかしアミノ酸の窒素Nの追跡には使用可能なRIがなく，ふつうの窒素原子より中性子の一つ多い安定同位体（stable isotope）$^{15}$Nを用います．質量の違いで判別するためRIに比べて検出に難点がありましたが，最近は高感度の検出器により追跡が容易になっています．

**14.3**
aminotransferase
アミノ　トランスフェラーゼ
アミノ基　　転移酵素

に移してアミノ酸にする経路が，アンモニアの同化経路です（図14-2）．

ケト酸としてオキサロ酢酸を用いるとアスパラギン酸が，ピルビン酸を用いるアラニンが生成します．そのほかのアミノ酸の生成経路は，表14-1のように分類されます．

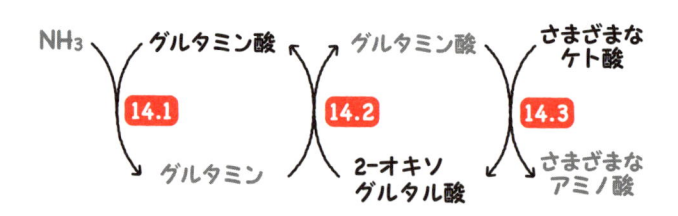

**図 14-2　植物のアンモニア同化経路**

**表 14-1　生合成経路によるアミノ酸の分類**

| グループ | アミノ酸 |
| --- | --- |
| グルタミン酸グループ | グルタミン，プロリン，オルニチン，アルギニン |
| アスパラギン酸グループ | アスパラギン，リシン，メチオニン，トレオニン，イソロイシン |
| ピルビン酸グループ | アラニン，ロイシン，バリン，（イソロイシン） |
| PEP グループ | フェニルアラニン，チロシン，トリプトファン |
| 3-ホスホグリセリン酸グループ | セリン，グリシン，システイン |

一方，動物の場合の窒素同化では，尿素サイクル（図14-4）のメンバーであるカルバモイルリン酸を式14.4の反応でカルバモイルホスフェートシンテターゼⅠが働いて，アンモニア，$CO_2$，ATPからつくります．

---

## VITAMIN ONEPOINT

### ビタミン $B_6$（ピリドキシン）

ビタミン $B_6$ が足りなくなると，てんかんに似た中枢神経障害が起こります．ビタミン $B_6$ は生体内で補因子のピリドキサルリン酸になり，アミノトランスフェラーゼなどの補酵素としてはたらきます．

ピリドキシン　　　ピリドキサルリン酸

**14.4** $NH_3 + CO_2 + 2ATP$

$$\longrightarrow \text{℗}-O-\overset{\overset{O}{\|}}{C}-S-NH_2 + 2ADP + H_3PO_4$$
カルバモイルリン酸

カルバモイルリン酸は，アミノ酸のアルギニンやヌクレオチドのピリミジン塩基の窒素源としてとり込まれます．

**14.4**
carbamoylphosphate synthetase I
**カルバモイルホスフェート**
　カルバモイルリン酸
**シンテターゼI**
　合成酵素

## 3．アミノ酸の分解

タンパク質の分解などで生じたアミノ酸は必要に応じて脱アミノされ，脂肪酸やグルコースの合成もしくはエネルギー生成のために使われます．グルタメートデヒドロゲナーゼは，動植物のミトコンドリアにあります．この酵素による反応も以前はアンモニア同化経路と考えられましたが，アンモニアに対する $K_m$ 値が高く，ミトコンドリアでは左向きのグルタミン酸分解の役割をもっています．さまざまなアミノ酸が，式14.3と式14.5で脱アミノされます（図14-3）．

**ONE POINT**

「$K_m$ 値（ミカエリス定数）が高い」とは，基質との親和性が低いということです（p.49〜51参照）．

**14.5**

$$\begin{array}{c}COOH\\|\\H_2NCH\\|\\CH_2\\|\\CH_2\\|\\COOH\end{array} + NAD^+ + H_2O \rightleftharpoons \begin{array}{c}COOH\\|\\C=O\\|\\CH_2\\|\\CH_2\\|\\COOH\end{array} + NADH + H^+ + NH_3$$

グルタミン酸　　　　　　　　　　2-オキソグルタル酸

**14.5**
glutamate dehydrogenase
**グルタメート**
　グルタミン酸
**デヒドロゲナーゼ**
　脱水素酵素

図14-3　アミノ酸の分解

## Column: 納豆をつくろう！

　稲わらには枯草菌の仲間の納豆菌 *Bacillus natto* がたくさんついています．枯草菌はプロテアーゼを大量に分泌するため，大豆のタンパク質を分解して繁殖し，納豆をつくります．納豆がねばねばしているのは，菌の分泌物にポリグルタミン酸が含まれているためです．タンパク質のポリペプチド構造は，アミノ酸の α 位の炭素の −COOH と −NH$_2$ が結合したポリマーですが，ポリグルタミン酸はグルタミン酸の γ 位の −COOH と α 位の −NH$_2$ がペプチド結合したものです．合成経路は不明です．

$$\cdots-\overset{O}{\underset{}{C}}-\underset{H}{N}-\overset{COOH}{\underset{}{C}}-CH_2-CH_2-\overset{O}{\underset{}{C}}-\underset{H}{N}-\cdots$$

**ポリグルタミン酸**

材料：大豆，市販の納豆，ふたのできる容器，体温計

① 大豆を水洗いしてから，大豆の 3 倍程度の水に浸して一晩ねかせます．膨潤した大豆を残りの水といっしょにそのまま煮込みます．塩を入れてはいけません．納豆菌は塩が多いと繁殖できないからです．大豆の煮込み時間を短くしたいときは圧力鍋を使えば 20 分でやわらかくなります．

② いまは稲わらが手に入りにくいので，市販の納豆（製造年月日の新しいもの）をつかいます．湯気のたった熱い煮豆に市販の納豆を混ぜます．このときほかの雑菌は死んでしまいますが，納豆菌は熱に強いので生き残ります．納豆は納豆菌が大量培養されたものですから，煮豆 100 g に納豆小さじ 1 杯で十分です．

③ 納豆菌の繁殖には，高温（40〜42℃で最適）湿潤で，しかも空気が十分に供給される条件が必要です．ヨーグルトやみそのつくり方とは逆なのです．煮豆を稲わらにくるんで納豆をつくるわけは，稲わらのなかに納豆菌がいるだけでなく，空気が必要なためです．家庭では，ふたのできる容器に割り箸をはさんで空気が十分に入るようにします．しかし湿潤条件も必要ですので，ふたはつけておき，タオルで容器をくるみます．そして冬は，こたつを弱にしてふとんをかけ，40℃くらいになるふとんのすみのところにおきます．発酵して熱をだすため，夏はふとんをかぶせておくだけで十分熱くなります．

④ 約 20 時間で納豆になります．しかし，大豆のタンパク質が分解されてアミノ酸になり，その一部がさらに分解されてアンモニアになるため，出来た直後は臭いがします．そこで，こたつからとりだして室温で一日おく（後発酵）と，アンモニア臭がなくなりおいしく食べられます．

## 4．尿素サイクル

ほ乳動物では，アミノ酸分解でできたアンモニアは，肝細胞にある図14-4の経路で尿素に変えられて尿中に排出されます．この経路は植物にもあり，アルギニン合成経路として必要です．

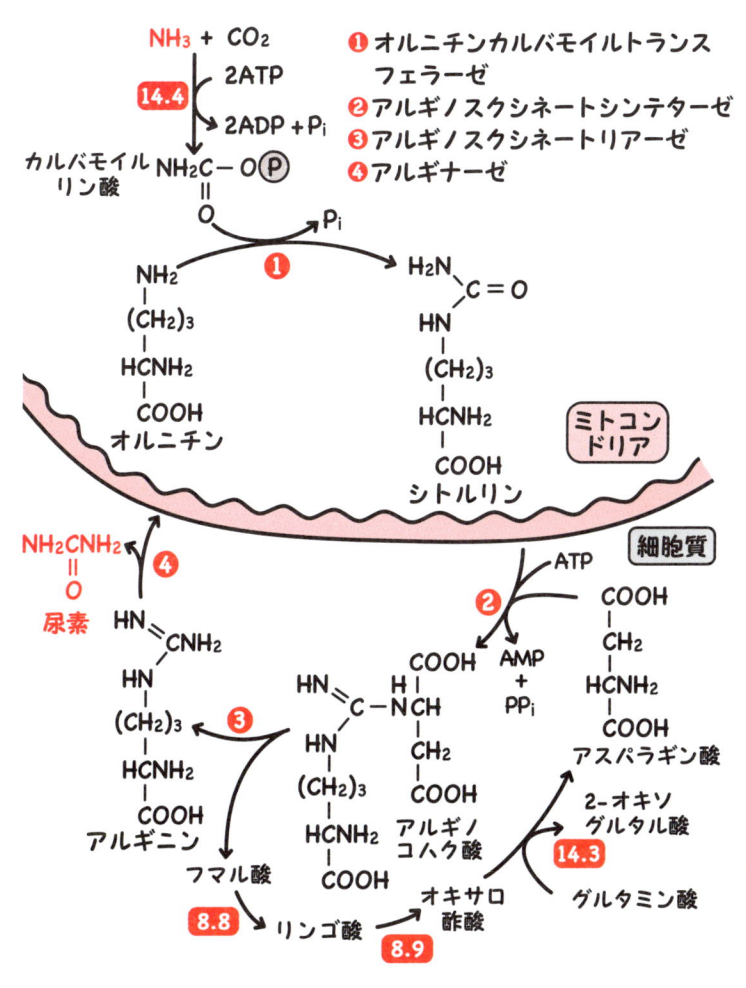

**グルコース-アラニン回路**
コリ回路（p.96）と同様に血液を介して筋肉と肝臓を行き来する回路である．筋肉ではタンパク質がアミノ酸を経てグルタミン酸に分解されたあと，解糖で生成したピルビン酸にアンモニアを渡してアラニンが生成する．アラニンは血液で肝臓に運ばれる．肝臓ではアラニンがアンモニアを尿素回路に放出してピルビン酸にもどり，グルコースに再生されて血液で筋肉に運ばれる．

**図14-4　尿素サイクル**
アンモニアは $CO_2$ と結合してカルバモイルリン酸になる．このとき2分子のATPがつかわれる（反応式14.4）．①次にオルニチンの側鎖のアミノ基にカルバモイル基を転移してシトルリンとなる．②シトルリンはアスパラギン酸と結合してアルギノコハク酸となる．このときATP1分子がつかわれるが，AMPとピロリン酸になるためATPが2分子消費された計算となる（p.93エネルギー充足率参照）．③アルギノコハク酸は，フマル酸を切り放してアルギニンとなる．④アルギニンは尿素を放出してオルニチンにもどる．尿素中の2分子の窒素のうち一つはアスパラギン酸のアミノ酸から，もう一つはカルバモイルリン酸からくる．

❶ オルニチンカルバモイルトランスフェラーゼ
❷ アルギノスクシネートシンテターゼ
❸ アルギノスクシネートリアーゼ
❹ アルギナーゼ

## 章末問題

(1) 以下のアミノ酸がアミノ基転移反応を起こすと生成するα-ケト酸の名前を答えよ．
　(a) アラニン，(b) アスパラギン酸，
　(c) グルタミン酸，(d) フェニルアラニン

(2) ある種の無脊椎動物の筋肉には，アルギニンリン酸（ホスホアルギニン）が蓄積している．このアミノ酸誘導体の筋肉中での役割は何か．

（アルギニンリン酸の構造式）

ヒント：ヒトの筋肉にはクレアチンリン酸（ホスホクレアチン）が多く含まれている．クレアチンリン酸はATPとクレアチンからクレアチンキナーゼで生成される．

$$ATP + クレアチン \underset{}{\overset{クレアチンキナーゼ}{\rightleftharpoons}} クレアチンリン酸 + ADP$$

（クレアチンリン酸の構造式）

(3) ある種のラン藻では，細胞がじゅずつなぎになっており，そのなかで形の異なる細胞（ヘテロシスト：異質細胞）が窒素固定を行っている．このヘテロシストでは光化学系Ⅰのみが存在し，光化学系Ⅱが失われている．これはなぜか（光化学系については12章を参照）．

---

## Column　アンモニア，尿素，尿酸

　アンモニアは毒性が強いため体内に蓄積することができず，尿素や尿酸の形で体外に排出する．ヒトでは血中のアンモニウムイオンが60μM以上になると，おう吐，昏睡などの脳障害が引き起こされる．水の多い環境の生物（魚など）ではアンモニアのままで排出し，水の少ない環境にいる動物（鳥など）では尿酸の形で排出する．尿酸は水にはほとんど溶けないので鳥の尿中では固形になっている（鳥のフンの白いところ）．尿素は水によく溶けて無毒のため，水がある程度得られる環境の動物の窒素排出物となる．

　カエルはオタマジャクシのときにはアンモニアで排出し，前足がでるころ尿素に切り変わる．アンモニアを尿素にするには多くのATPが必要なので生物はできるだけアンモニアのまま排出しているようだ．

# 15章 ヌクレオチド合成

遺伝子の文字ができるまで

> **この章で考える なぜ？**
> - 葉酸が，女性に特に必要なビタミンといわれるのは，なぜだろう？
> - 通風患者さんが，レバーやイワシをとらない方がよいのはなぜだろう？
> - 核酸ヌクレオチドが効率よくリサイクルされるしくみとは？

ヌクレオチド（6章参照）は，糖と塩基からなるヌクレオシドの糖の水酸基にリン酸がエステル結合したもので，すべての生物においてほとんど同じ経路で合成されます．

## 1. ヌクレオチド合成の各反応

AMP（アデニンヌクレオチド）やGMP（グアニンヌクレオチド）などプリンヌクレオチドの場合，まずリボース5-リン酸から5′-ホスホ-α-D-リボシル二リン酸（PRPP）が合成され，つづいて10段階の反応でイノシン酸（IMP）ができます．この10反応では，2分子のグルタミンの

図 15-1 プリンヌクレオチドの合成

## VITAMIN ONE POINT

**葉酸 F(folic acid)**

葉酸からつくられる10-ホルミル $H_4F$ や5,10-メチレン $H_4F$ は DNA やアミノ酸の合成系に必要な補酵素です．葉酸が不足すると悪性貧血や妊娠初期の胎児の生育が妨げられます．そのことからとくに女性に必要なビタミンとして知られています．

葉酸 F （プテロイル-L-グルタミン酸）

10-ホルミル $H_4F$

テトラヒドロ葉酸 $H_4F$

5,10-メチレン $H_4F$

---

\*1 ギ酸が関与する反応には補酵素のテトラヒドロ葉酸が必要で，ホルミルテトラヒドロ葉酸の形でギ酸がつかわれます．

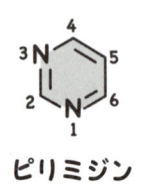

ピリミジン

アミド，グリシン，2分子のギ酸，アスパラギン酸，$CO_2$ が材料となり，ATP も4分子必要です（図15-1）\*1．そして IMP にアスパラギン酸のアミノ基－$NH_2$ がついて AMP ができます．また IMP からキサンチル酸（XMP）になり，次にグルタミンのアミド N が入って GMP ができます．

一方，UMP（ウラシルヌクレオチド）や CMP（シトシンヌクレオチド）などピリミジンヌクレオチドでは，カルバモイルリン酸とアスパラギン酸を材料としてピリミジン塩基のオロト酸ができます．次にそれが PRPP と反応してピリミジンヌクレオチドのオロチジル酸となり，最後に脱炭酸して UMP ができます（図15-2）．そして UMP にグルタミンのアミド N が加わり CTP となります．

ヌクレオチド（NMP）からのヌクレオシド二リン酸（NDP）の合成は

**15.1**
$$NMP + ATP \rightleftharpoons NDP + ADP$$
$$dNMP + ATP \rightleftharpoons dNDP + ADP$$

となります．これには塩基ごとに別のキナーゼがはたらきますが，同じ塩基であればリボヌクレオチドにもデオキシリボヌクレオチド（dNMP）にも反応します．また，NDP からのヌクレオシド三リン酸（NTP）の合成は

図15-2 ピリミジンヌクレオチドの合成

## Column  アルコールと痛風

　痛風患者は，核酸を多く含むレバーやイワシを控えたほうがよいといわれています．風が吹いても痛い「痛風」は関節，とくに足の親指の関節に尿酸(p.124参照)がたまるために起こります．尿酸はプリン誘導体から生成されます．核酸を多く含んだ食品は，分解される過程でプリン体から尿酸になると考えられています．

　アルコール常飲者に痛風が多いのは，p.101ででてきたように，アルコールを飲んだあとは糖新生が阻害されるからです．乳酸→式7.11→ピルビン酸の反応が阻害されるため，乳酸が蓄積し，高乳酸血症になります．乳酸と尿酸の腎臓から尿への排出システムは同じなので，乳酸と尿酸が競合すると高尿酸血症も起こります．尿酸は血液中の溶解度がきわめて低いため，親指の関節に析出するのです．③のキサンチンオキシダーゼを阻害するアロプリノールはキサンチンの類似化合物であり，尿酸の生成を抑えるための薬として痛風の治療に使われます．

❶ アデニンデアミナーゼ
❷ グアニンデアミナーゼ
❸ キサンチンオキシダーゼ

**15.2**
$$NDP + N'TP \rightleftharpoons NTP + N'DP$$
$$dNDP + NTP \rightleftharpoons dNTP + NDP$$

となり，この場合も酵素はリボヌクレオチドにもデオキシリボヌクレオチドにも反応します．ちなみに，N'TPの塩基ならばどの塩基でも反応しますが，実際生体で合成につかわれるのはATPのみです．

デオキシリボヌクレオチドは，リボヌクレオチドからレダクターゼにより生成されます．還元剤は$NADPH + H^+$ですが，途中にFAD, $Fe^{2+}$などが関与します．dTMPはdUMPのメチル化によって合成されます．dTMPの合成反応には，5,10-メチレンテトラヒドロ葉酸とビタミン$B_{12}$を含む補酵素が必要です．

## 2．ヌクレオチド合成のまとめ

ここまでみてきたヌクレオチドの合成系をまとめたのが図15-3です．

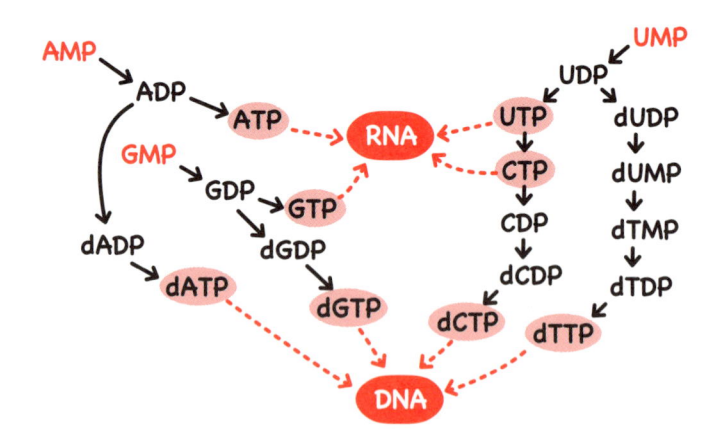

**図15-3　ヌクレオシド三リン酸の合成**
核酸合成の基質であるヌクレオシド三リン酸の合成経路を示した．dはデオキシを表している．ヌクレオシド三リン酸は核酸合成以外に，エネルギーを必要とする酵素反応や補酵素の構成要素としても生体に必要である．

ヌクレオチドの生合成経路は多量のATPをつかうため，生合成系以外にプリン，ピリミジンをヌクレオチドやヌクレオシドに再利用する道もあります．これはサルベージ経路と呼ばれています．塩基とPRPPからAMP, GMP, IMPをつくる経路や，塩基とリボース1-リン酸からヌクレオシドをつくる経路があります．

## 章末問題

（1）痛風の治療には，プリンから尿酸への代謝に関与するキサンチンオキシダーゼの阻害剤，アロプリノールが用いられている．しかしアロプリノールで治療した患者では，まれに腎臓にキサンチン結石ができる．次のデータからその理由を説明せよ．

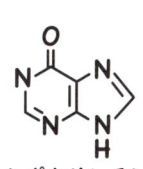

溶解度：尿酸　　　　0.15 g/L
　　　　キサンチン　　0.05 g/L
　　　　ヒポキサンチン 1.4 g/L

（2）根粒植物中の根粒バクテリアは，植物でつくられるすべてのATPの20%以上を消費する．なぜこれほどのATPを消費するのか．

（3）制ガン剤5-フルオロウラシルは生体内でフルオロdUMPとなり，ピリミジン合成系のある酵素を阻害すると報告されている．どの酵素か推測せよ．

## VITAMIN ONE POINT

### ビタミン $B_{12}$

ビタミン $B_{12}$ は植物には含まれていませんが，悪性貧血の予防と治療に有効な因子とされています．またメチオニンシンターゼなどの補酵素に含まれ，ある種のメチル化など10種類以上の酵素反応に関与します．このビタミンは細菌によってつくられ，動物はこれを利用しています．食物中のビタミン $B_{12}$ は，胃粘膜から分泌される内因子（IF）と呼ばれる糖タンパク質と結合してIF-$B_{12}$複合体となり，回腸粘膜の受容体と結合して吸収されます．

# 16章 DNA複製とタンパク質合成

生き物の設計図をコピーして部品をつくる

**この章で考える なぜ？**

- なぜ私たちは，父や母や兄弟と似ているのだろう？
- なぜ膨大なDNAを間違いなくコピーすることができるのだろう？
- 事件現場にのこされた髪の毛から，犯人がわかるのはなぜだろう？
- 生まれつきお酒に強い人と弱い人がいるのは，なぜだろう？

遺伝子であるDNAには，二つの重要な特徴があります．それは，① 複製（コピー）できること，② 遺伝子のなかに書かれている情報が発現できることです．

1個の受精卵が母体のなかで胎児になっていくとき，DNAは細胞分裂のたびに正確にコピーされていきます．成長した植物の葉から1個の細胞をとりだしてうまく培養すると，まったく同じ遺伝子をもつクローン植物が再生されます．これも細胞の分裂のたびに全DNAが正確にコピーされているからこそ，前と同じ植物ができるのです．クローン羊も同じように，成長した個体の1個の細胞から再生されます．将来，コンピュータに収められた恐竜のゲノムのDNA塩基配列から，恐竜を再生できる日がくるかもしれません．しかし逆に，いま生きている生物でも，絶滅してそのDNAの塩基配列がわからなくなってしまうと，永遠にその生物を再生することはできません．これは，遺伝情報である塩基配列を記す4種類の文字 A（アデニン），T（チミン），G（グアニン），C（シトシン）で書かれた設計図を失くしてしまったようなものなのです．

## 1. DNAの複製

DNA複製は，次に示した方法で行われます（図16-1）．
① DNAの二重らせんが複製開始点でほどけます．
② ほどけた一本鎖の塩基に，それぞれ対応する塩基のデオキシリ

---

**クローン（clone）**
本来の意味は，植物において，栄養成長によって生じた個体の集団やその子孫をいい，挿し木や，無果子（むかご）がこれにあたる．体細胞遺伝学では，単一細胞に由来する細胞集団をいう．体細胞分裂では遺伝子が正確にコピーされるので，均一な遺伝子の集団になる．

**ゲノム（genome）**
半数染色体の一組の呼び名．生物が機能的に調和のとれた完全な生活を営むために必要な最小限の遺伝子群を含む．細菌などの1倍体の生物はゲノムが1個の巨大なDNA分子で構成されている．私たちヒトを含めた2倍体の生物では，生殖細胞のゲノムはただ一組だが，体細胞には二組のゲノムがある．

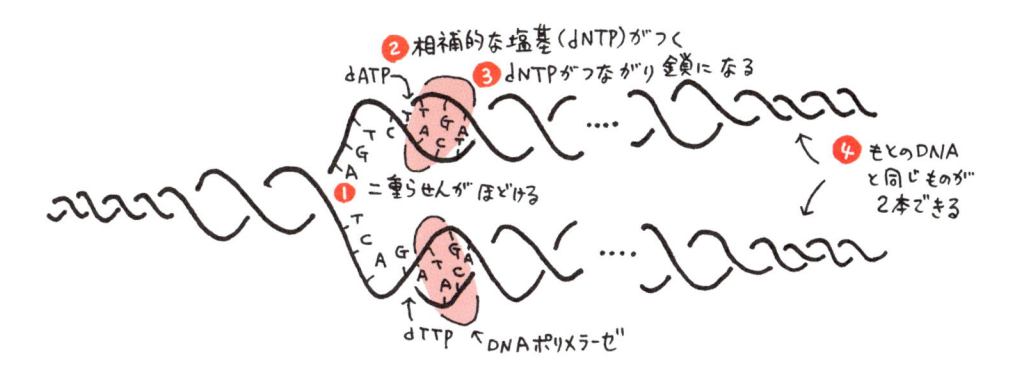

# 1. DNAの複製

図16-1 DNAの複製

| 16.1 |
|---|
| DNA polymerase |
| DNA　　ポリメラーゼ |
| DNAの　ポリマーをつくる酵素 |

ボヌクレオシド三リン酸(dNTP)が水素結合でくっつきます．AにはT，TにはA，GにはC，CにはGが結合します(p.60参照)．これを相補性といいます．

③ dNTPのリボースの3'末端にDNAポリメラーゼが5'→3'方向にdNTPを順に結合していきます．一つ結合するとピロリン酸が離れます．DNAをDNAseで加水分解するとdNMPとなることから，

## Column  DNA複製をイメージしてみると？

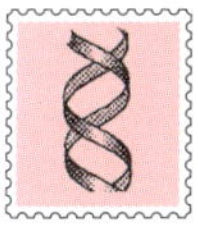

A子さん，T男くん，G子さん，C男くんが手をつないでいます．① だれかが「花(DNA)いちもんめをはじめるよ」と声をかけました．② 別のグループのA子さん，T男くん，G子さん，C男くんのそっくりさんが集まってきましたが，手はつないでいません．じつはT男くんのそっくりさんはA子さんが，A子さんのそっくりさんはT男くんがすきなのです(相補性)．G子さんのそっくりさんはC男くん，C男くんのそっくりさんはG子さんというふうに相手の前に並びました．③ ペアどうしで勝手にあちこちに行かないように，ポリメラ先生はそっくりさんどうしで手を組むようにしました．さあ，これでDNAいちもんめのはじまりです．

DNA が dNMP のポリマーであることがわかります．

④ もとの二本鎖の DNA 1 組から，二本鎖 DNA が 2 組できます．新しくできた二本鎖 DNA のうち 1 本は，合成がはじまる前の DNA からきた分，残りの 1 本は新しく合成された分です．このような複製方法を半保存的複製といいます．この方法で塩基配列が正確にコピーされます．

DNA ポリメラーゼは 5′→3′ の方向にしか，dNTP を結合していけません．そうすると，複製開始点からみて，お互いの一本鎖の 5′ 側はいいのですが，後ろの 3′ 側が合成できないことになります．そこで後ろ側から 1 キロベース(base：塩基)*ぐらいの間隔で次つぎと DNA ポリメラーゼがくっついてポリマーの小さな断片を合成します．しかしこのままでは，1 キロベースの DNA 断片にしかなりません．そこで最後にこの DNA 断片どうしを DNA リガーゼで結びつけて，二本鎖 DNA ができあがります(図16-2)．

\* DNA の長さを表す単位．二本鎖 DNA の場合は，bp(ベースペア：塩基対)もよく使われる．1 キロベース＝1000ベース．

**16.2**
DNA ligase
**DNA リガーゼ**
DNA 連結酵素

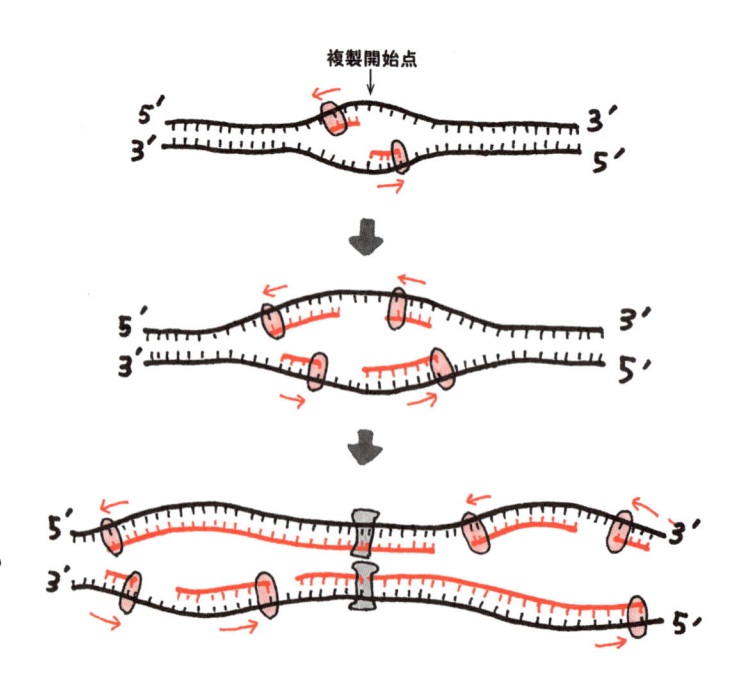

**図 16-2 DNA 複製の方向**
デオキシリボヌクレオシド三リン酸(dNTP)を基質にし，これをポリマー(DNA)にする酵素 DNA ポリメラーゼは，複製開始点に結合して二本鎖のそれぞれの単鎖の 5′ 末端の方向にむかって複製をしていきます．開始点より後ろ(3′ 末端側)のほうでは，別の DNA ポリメラーゼが結合して同じく 5′ 末端の方向に複製していき，1000塩基ほどの短い DNA 鎖をつくります(これを岡崎フラグメントといいます)．これが前のポリメラーゼが合成したポリマーの端まで追いつくと，そのポリマーの最後部と後ろのポリマーの先端部を連結する酵素 DNA リガーゼがはたらき，1 本の長い DNA ポリマーができあがります．

## Column

## PCR〜DNAの人工コピー機〜

　最近の犯罪捜査では、髪の毛1本から犯人を割りだすことができます。髪の毛のなかの微量のDNAを分析するのです。しかし、そのままでは微量すぎるのでDNAを増やさなければなりません。そこで同じ塩基配列をもつDNAを大量にコピーできるPCR(polymerase chain reaction)という方法をつかいます。手順は以下の通りです。

① 微量のDNA(サンプルDNA)と4種のdNTP、耐熱性DNAポリメラーゼ、そしてプライマーを容器(チューブ)に入れます。プライマー(primer)とは"導火線"の意味で、そのDNAの塩基配列と等しい短い一本鎖のDNA断片のことです。プライマーはDNA合成機(DNA synthesizer)で合成することができ、さまざまな配列のプライマーが市販されています。

② チューブ内の溶液を94℃にすると、サンプルDNAの二本鎖はほどけて一本鎖になります。

③ 55℃にすると、プライマー(図中ではピンク色)がサンプルDNAの塩基配列と相補的な部分にくっつきます。

④ 続いて72℃にすると、DNAポリメラーゼが働いてプライマー部分から順に、dNTPを基質にして相補的にDNAを合成していきます。これでコピーが1回終了しました。

⑤ さらに②③④を繰り返します。何も加えなくても最初の①の材料だけでコピーを繰り返すことができます。1回のコピーは3分足らずで終わります。コピーのたびにDNAは2組、4組、8組、16組と増えていきますので、20回繰り返すと$2^{20}=$100万個のコピーDNAができます。

　DNAのコピーを可能にしたのは、耐熱性細菌から精製した耐熱性DNAポリメラーゼと、プライマーをつくるDNA合成機のおかげです。プライマーがないとDNAポリメラーゼははたらきません。図16-2のような生体内のDNA複製では、細胞内に複製開始点のプライマーをつくる酵素が別にあるため、DNAポリメラーゼがはたらけるのです。

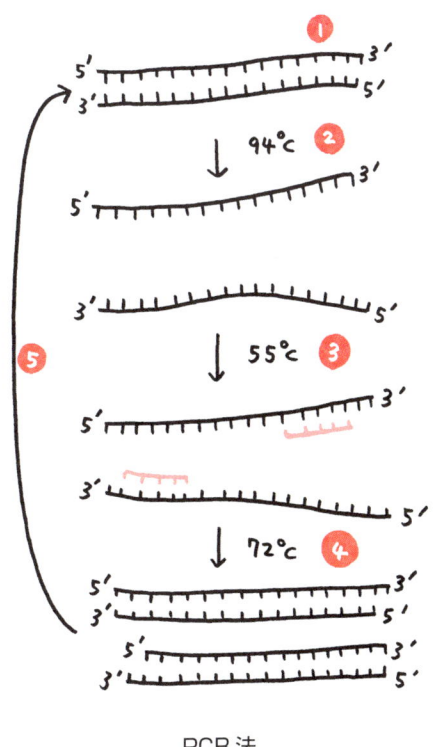

PCR法

## Column: DNA フィンガープリント法

　さて p.133の PCR 法で犯人の髪の毛の DNA を増やしました．それではどのようにしてそれを他人のものと区別するのでしょうか．塩基配列を読みとる DNA シークエンサーは以前にくらべて超高速化して大量解読が可能となり，ある特定の遺伝子のなかの1塩基のみが置換された個体間変異（SNP：スニップ）も識別できるようになりました．ここでは簡便な方法として，制限酵素という DNA 分解酵素の一種を利用して，DNA に特定の配列があった場合にだけその部分を切断する方法を述べます．たとえば大腸菌から精製した *Eco*RI という制限酵素は，下記のように「GAATTC」という塩基配列の部分のみを切断します．

　実際には，まず犯人の DNA をいくつかの制限酵素で切断し，DNA 断片にします．そして電気泳動を行うと，DNA 断片の短いものから早く泳動されてバンド状になります．このバンドをほかの人の DNA 断片のバンドと比べて違いを調べます．

　DNA 断片の配列はわからなくても，DNA 断片泳動図は指紋のように人それぞれ異なるため犯人を特定することができます．このことからこの方法は「DNA フィンガープリント（DNA 指紋）法」と呼ばれます．この制限酵素のおかげで DNA を自由に切りとることができるようになり，遺伝子工学が発展しました．

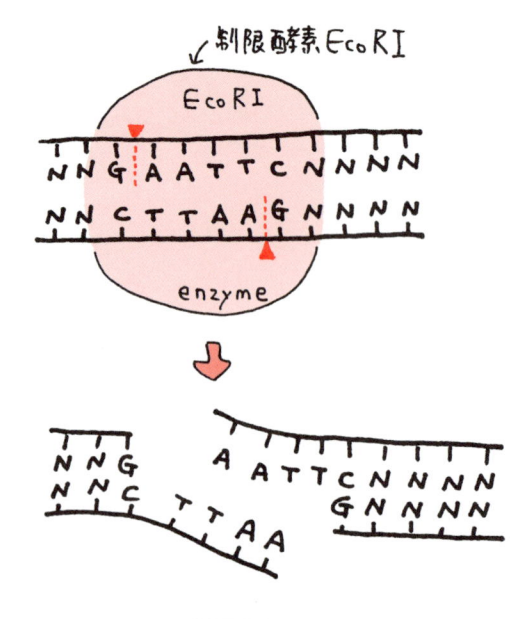

**制限酵素**
DNA の特定の塩基配列を認識して，決まった所を切断する酵素がいろいろな細菌から発見されており，これを制限酵素という．

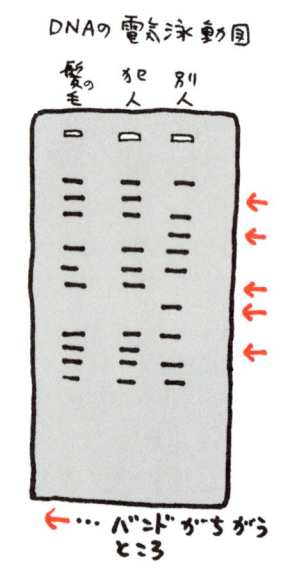

**DNA フィンガープリント法**
DNA の塩基配列は，ヒトそれぞれにわずかに異なっているので，特定の配列を切られてできる DNA 断片の長さもそのヒトごとに違う固有のものである．これを比較して，DNA 鑑定などが行われる．

## 2．タンパク質の合成

DNA の塩基配列は，塩基3個（コドン）がアミノ酸1個に対応していることを6章で示しました．DNA は複製されるとともに，その遺伝情報は RNA に写しとられ（転写：transcription），塩基配列が解読されてタンパク質がつくられます（翻訳：translation）．このことをセントラルドグマといいます．その塩基配列を解読する遺伝暗号コード（genetic code）を表16-1に示しました．

### コドン

おのおののアミノ酸に対応する3塩基連鎖（トリプレット）をコドンという．20種のアミノ酸に対して64種のコドンがあるため，メチオニン以外のアミノ酸には，対応する複数のコドンがある．これを遺伝暗号の「縮重」と呼んでいる．トリプレットの1番目と2番目の塩基が同じで，3番目が違う塩基でもアミノ酸は同じになり，このように3番目が振れることを「ゆらぎ（wobble）」という．同じアミノ酸でもコドンがつかわれる頻度は同じではなく，生物種で偏りがあり，また細胞内のそれぞれのコドンに対応する tRNA の量にもよる．

表16-1　mRNA の遺伝暗号

| 第一塩基 | 第二塩基 U | 第二塩基 C | 第二塩基 A | 第二塩基 G |
|---|---|---|---|---|
| U | UUU, UUC } Phe<br>UUA, UUG } Leu | UCU, UCC, UCA, UCG } Ser | UAU, UAC } Tyr<br>UAA 終結<br>UAG 終結 | UGU, UGC } Cys<br>UGA 終結<br>UGG Trp |
| C | CUU, CUC, CUA, CUG } Leu | CCU, CCC, CCA, CCG } Pro | CAU, CAC } His<br>CAA, CAG } Gln | CGU, CGC, CGA, CGG } Arg |
| A | AUU, AUC, AUA } Ile<br>AUG Met（開始） | ACU, ACC, ACA, ACG } Thr | AAU, AAC } Asn<br>AAA, AAG } Lys | AGU, AGC } Ser<br>AGA, AGG } Arg |
| G | GUU, GUC, GUA, GUG } Val | GCU, GCC, GCA, GCG } Ala | GAU, GAC } Asp<br>GAA, GAG } Glu | GGU, GGC, GGA, GGG } Gly |

DNA の塩基配列はすべてアミノ酸配列に置き換わるわけではありません．多くの DNA の塩基配列の意味は不明ですし，DNA からの暗号を写しとったもの（RNA）も一部はタンパク質に翻訳されますが，残りの部分は別の情報として利用されています．

それでは，遺伝子 DNA の情報がどのようにして転写されるのかみていきましょう．

### トランスクリプトーム

ある状態の細胞のゲノムから転写された mRNA のすべて．トランスクリプトーム解析にはノーザンブロット，逆転写 PCR，DNA チップなどの方法がある．各生物の mRNA から逆転写された cDNA ライブラリーがデータベース化されたものもある．

### バイオインフォマティクス

高速情報処理技術で集積されたゲノム，プロテオーム（ゲノム遺伝子により産生されるすべてのタンパク質），メタボローム（生体内の酵素が産生するすべての代謝産物）のそれぞれの網羅的研究領域であるゲノミクス，プロテオミクス，メタボロミクスからのさまざまな情報をコンピュータ，ソフトウェア，数学モデルを駆使して研究を行う生命情報科学．インターネットはこれらのデジタルデータを容易に提供することで，システム生物学（p.140）などの分野の発展に寄与している．

## 16.3
**RNA ポリメラーゼ**
RNA polymerase
NTPを ポリマーのRNA にする酵素

### エキソンとイントロン
真核生物では，転写されたRNAに，翻訳で読みとられない領域(イントロン)が含まれる．その領域は切りとられ，読みとり域(エキソン)だけになる．この切り取りを「スプライシング」という．

RNAはDNAから転写されます．その仕組みは図16-1のDNAの複製と似ています．違いは，転写される基質がリボヌクレオシド三リン酸(NTP)であることと，DNAのTの代わりにU(ウラシル)がつかわれることです．DNAの塩基配列AにはU，TにはA，GにはC，CにはGのNTPが結合します．そしてRNAポリメラーゼが，5′→3′方向へ順番にDNAの塩基配列と相補的にポリマーを合成していきます．こうしてできるのがmRNAです．このとき合成されるRNAすべてがタンパク質をコードする暗号になっているわけではありません．

**mRNA(messenger RNA, 伝令RNA)**：DNAの塩基配列を写しとったもので，タンパク質を構成するアミノ酸の配列をコードしています．mRNAはタンパク質合成工場であるリボソームに運ばれます．mRNAには，読みとり域(タンパク質に翻訳される部分)と，読みとられない5′上流域(5′-UTR)と3′下流域(3′-UTR)があり，とくに5′域は翻訳の調節に関与すると考えられています．

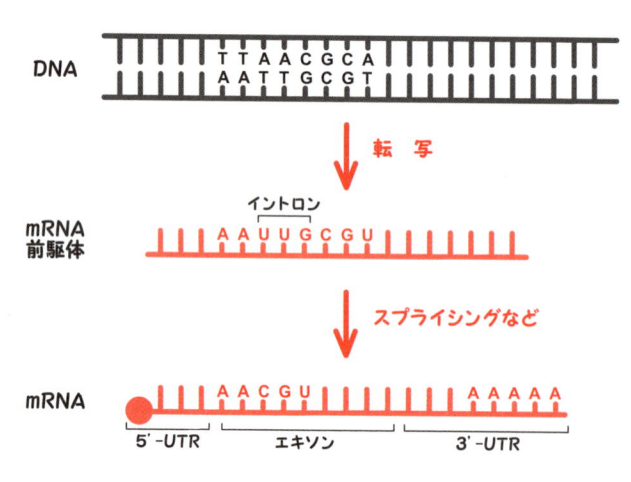

**図16-3 真核生物のmRNAの構造**
DNAからRNAポリメラーゼによって転写されたRNA(mRNA前駆体)は，スプライシングなどの修飾を受けて，mRNAになる．

生体のRNAは3種類あります．ここで，他の2種類のRNAの役割も説明します．

**tRNA(transfer RNA, 運搬RNA)**：アミノ酸と結合してアミノ酸をリボソームに運びます．20種類のアミノ酸に対応するコドンのうち終結コドンを除く61種類分のそれぞれのtRNAは，3番目の塩基がゆらぎのため，必ずしも必要でなく40〜60種類のtRNAが含まれています．それぞれのtRNAが少なくとも必要です．tRNAは図16-4のよう

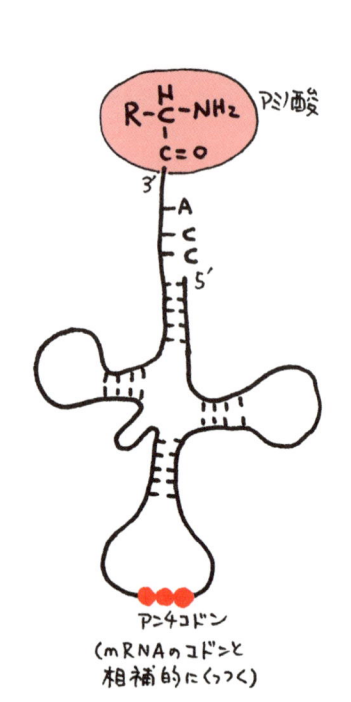

**図16-4 tRNAの構造**

にクローバー型をしています．

　rRNA（ribosomal RNA，リボソーム RNA）：タンパク質合成工場，リボソームの骨組みとなる RNA です．リボソームは，2種類の rRNA と複数のタンパク質でできています．この rRNA をコードする DNA は核のなかの核小体にあり，とくにこの DNA を rDNA と呼んでいます．

**アンチコドン**
tRNA のクローバー構造の一つの葉の先には，アンチコドンと呼ばれるトリプレットがある．これはmRNA のコドンと相補的に対応し，その tRNA の3′末端に結合しているアミノ酸とも対応している．

## Column 一気飲みと下戸の遺伝子

　アルコールの多くは肝臓で分解されます．9章で述べたように，アルコールをアセトアルデヒドにする経路にはいくつかありますが，アセトアルデヒドを酢酸にする経路はアルデヒドデヒドロゲナーゼ(ALDH) 8.10 による経路のみです．日本人にみられる下戸（げこ）と呼ばれる人たちは，少しお酒を飲んだだけで頭痛や吐き気の症状が現れます．この原因には，2種類の ALDH のうち $K_m$ 値の低いタイプ，ALDH Ⅱの遺伝子が欠損していることが考えられます．もう一つの ALDH Ⅰは高い $K_m$ 値をもち，高濃度のアルデヒドを分解し，どの人にも同じように存在します．

　ALDH Ⅱの遺伝子型には，ALDH Ⅱの正常活性をもつ NN 型，NN 型の16分の1しか活性を示さない ND 型，まったく活性を示さない DD 型があります．白色人種や黒色人種ではすべて NN 型ですが，黄色人種では ND 型や DD 型もみられます．日本人では NN 型56％，ND 型40％，DD 型4％の割合といわれています．お酒を飲むと，血液中のアセトアルデヒド濃度は ND 型では NN 型の4〜5倍，DD 型では20〜30倍にもなります．アセトアルデヒドの毒性は高く，DD 型の人やお酒に慣れていない新人にお酒を強要する一気飲みは，死の危険を強要していることになります．アルコールをアセトアルデヒドにする MEOS 系はお酒を飲むことでたえる（誘導する）ことができますが，DD 型の人には ALDH Ⅱの遺伝子がないので，お酒をいくら飲んでも誘導はできません．また，ALDH Ⅰは $K_m$ 値が高いので低濃度のアルデヒドの分解に適していません．これは酵素反応速度論の $K_m$（ミカエリス定数，図5-6を参照）から理解できますね．

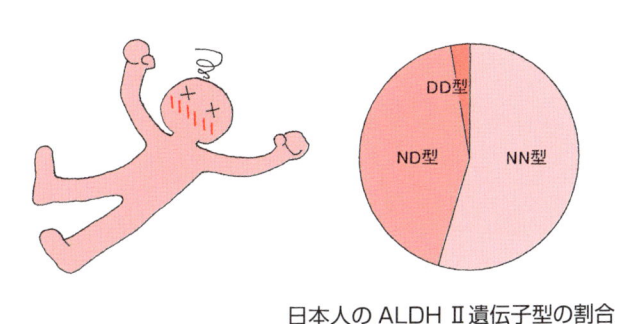

日本人の ALDH Ⅱ遺伝子型の割合

### アミノアシル-tRNA

アミノ酸をペプチド結合させるにはATPのエネルギーが必要なため，20種のアミノ酸はそれぞれのアミノアシル-tRNAシンテターゼにより，活性化される．その仕組みは，アミノ酸とATPが反応し，アミノ酸の−COOHとAMPのリン酸基がエステル結合してアミノ酸-AMP結合体とピロリン酸ができるというものである．つぎに結合体は，tRNAの3′末端のリボースの−OHと，アミノ酸の−COOHとを結合させてアミノアシル-tRNA（$H_2N-CRHCO-tRNA$）とAMPになる．ATPがAMPとピロリン酸に分解されたときの結合エネルギーはtRNAとアミノ酸との結合エネルギーに温存され，ペプチド結合の形成につかわれる．

では次に，DNAから形質発現までの流れをくわしくみてみましょう．図16-5の流れをみてください．

① 必要な遺伝情報が指示されて，その部分をRNAポリメラーゼが転写し，転写物mRNAがリボソームに運ばれます．

② ATPで活性化されたアミノ酸は，tRNAと結合してアミノアシル-tRNAとなり，リボソームに運ばれます．

③ リボソームにmRNAが付着し，リボソームの間に入り込んでいきます．ここにたとえばAUGのコドンがあると，メチオニンと結合したtRNAのアンチコドン部分，UACと結合します．

④ 続いて次のコドンも，これに対応するアミノ酸をもつtRNAのアンチコドンに同じように結合します．

⑤ 先のtRNAのメチオニンと次のtRNAのアミノ酸がペプチド結合でつながります．

⑥ メチオニンと結合していた先のtRNAがリボソームから離れます．

⑦ 次つぎにmRNA上のコドンに対応するアミノ酸を結合した

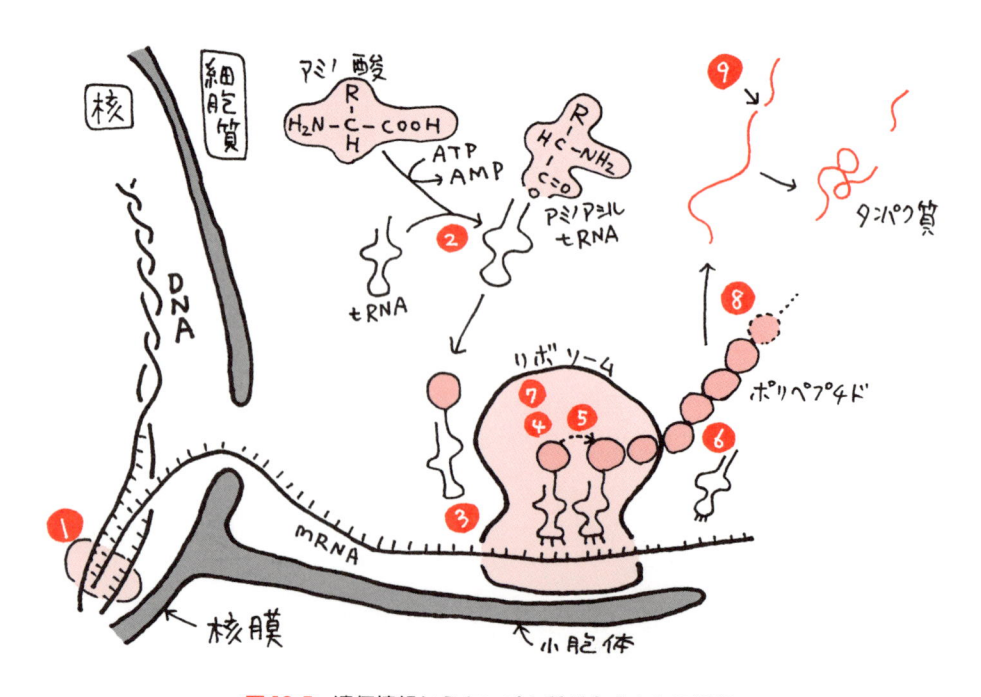

**図16-5 遺伝情報からタンパク質が合成される過程**
① DNAの遺伝情報が写しとられてmRNAになり，② タンパク質をつくるためのアミノ酸も活性化されてtRNAにくっつけられる．③〜⑦ mRNAの遺伝情報にしたがい，tRNAにくっついたアミノ酸がリボソーム中で順序よくペプチド結合してゆくとともに，アミノ酸を手離したtRNAは離れていく．⑧〜⑨ 終止コドンまできてリボソームから離れたポリペプチド鎖は，切りとられたり，修飾されたりして機能をもつタンパク質となり，形質発現する．

tRNAがやってきて，そのアンチコドンがmRNAに結合し，先に結合していたアミノ酸とペプチド結合していきます．ペプチドをつくり終えたtRNAはリボソームから離れていきます．

⑧ mRNA上の終止コドンが読まれるとmRNAからリボソームのサブユニットが離れ，合成されたタンパク質もまたリボソームから離れていきます．

⑨ リボソームで合成されたタンパク質の多くは，プロテアーゼで一部が切り取られたり，リン酸化，水酸化，糖鎖や脂質の付加などの修飾を受けて，機能をもつ構造タンパク質や酵素になります．また，別の場合では，シグナルペプチドとよばれるペプチド鎖の一部がター

**リボザイム（ribozyme）**
図16-5の⑤の反応を触媒するペプチジルトランスフェラーゼ活性は，リボソームを構成するrRNAとタンパク質のうち，rRNAにある．このように触媒活性をもつRNAをリボザイムという．

## Column　メイキング・オブ・タンパク質

　DNAという長編の物語の一部を，脚本家RNAポリメラーゼが書き写し，脚本mRMAができます．それが演出家rRNAにわたされると，裏方さんtRNAは20人の役者アミノ酸を呼んできます．リボソームという舞台では，演出家が脚本に従い，アミノ酸の出番を指示してタンパク質という名の劇がつくりだされます．最後にはタンパク劇は少しアレンジ（修飾）されて初舞台を踏みます．DNA暗号はこのようにして形質発現の舞台におどりでるのです．

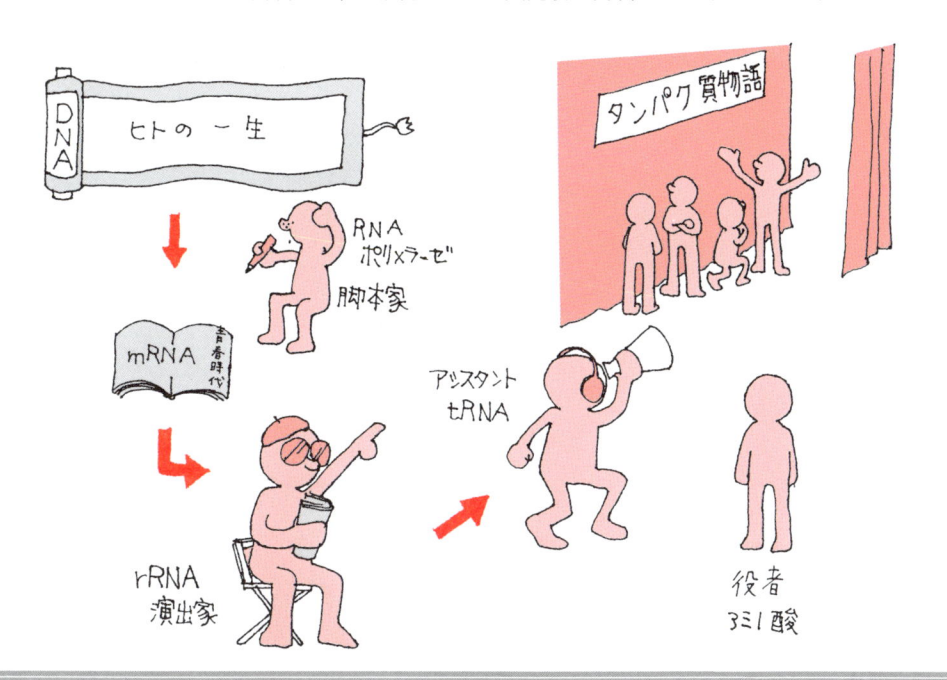

ゲッティングという，タンパク質を細胞内小器官などへ向かわせる機能をもちます．目的地に着くと，シグナルペプチダーゼでシグナルペプチドが切り取られてからタンパク質として機能します．

## 3．システム生物学

　生物は，細胞内器官，細胞，組織，器官，個体，個体群，生態系などの各階層において，さまざまな構成要素が組み合わさったシステムであると考えることができます．最近では，たんに各要素を理解するだけでは生物の理解に十分でなく，各要素の相互作用やネットワークを明らかにすることでシステムがもつ機能を理解するための研究分野，システム生物学が今後の生物学の進展に重要とされています．

　システム生物学では，複雑かつ多様な生化学経路を支える原理として，① 創発，② ロバストネス，③ モジュラリティの三つが挙げられます．それぞれをごくかんたんに説明しますと，

　① 創発または創発特性とは，ある階層の各要素にはない性質が，要素間の相互作用によりその上の階層に現れることです．たとえば脳では，神経細胞が集まってネットワーク状に相互作用することで，脳の一部の組織が情報処理や情報の再構成の機能を

---

### ◆ VITAMIN ONEPOINT

**ビタミン D**

　ビタミン D はカルシウムの吸収に必要で，油性ビタミンとして魚油に多く含まれています．欠乏症としては，くる病が知られています．いろいろなプロビタミン D は紫外線でビタミン $D_3$ となり，さらに生体内で 2 個の水酸基が入り，ホルモンのようにはたらきます．

　このホルモン様物質は造骨組織や小腸粘膜に運ばれ，細胞中の特異的受容体タンパクと結合します．この結合した複合体は核に運ばれて DNA と結合し，RNA ポリメラーゼの作用を促し，カルシウム結合タンパク質(CaBP：calcium binding protein)をつくる mRNA の合成が促進されます．この CaBPmRNA はリボソームに運ばれて，CaBP 合成を小腸内で開始させます．合成された CaBP は骨内や腸内カルシウムの吸収にはたらきます．

ビタミン $D_3$
（コレカルシフェロール）

1α,25-ジヒドロキシコレカルシフェロール

もちうる場合をいいます．

② ロバストネス（頑強性）とは，システムが環境変化に対して元の状態を保とうとする性質のことです．システム工学の飛行機の自動操縦システムでは，この性質により，さまざまな方向からの風に対して予定通りの進路・高度を維持することができます．代謝経路での調節では，最終生成物が一定の速度で生成されるように保つ負のフィードバック制御（p.64）があります．

③ モジュラリティとは，機能をもった単位（モジュール）が組み合わさって構成されているシステムがもつ特性です．生物ではあらゆる階層でモジュール化がおこり，各階層がモジュラリティをもっています．たとえば，代謝経路はそれぞれの機能をもつモジュール（酵素）から構成されているモジュラリティなシステムであり，ミトコンドリアもまたTCAサイクル，電子伝達系，膜などのモジュールから構成されるモジュラリティなシステムです．モジュラリティなシステムの利点としては，機械が故障したときに一部の部品を交換することで修理が可能なことがあげられます．光合成のPS II（p.105）の反応中心にあるD2というタンパク質は酸素発生系と近接しており，活性酸素によって短時間でその機能が失われるため，頻繁に交換されています．

### 章末問題

（1）アミノ酸のバリンをコードするコドンは4種類ある．温泉に生息する藻類と寒冷地の池の藻類を比べると，4種のコドンの使用頻度に差はあるだろうか．

（2）植物と動物では，同じ酵素タンパク質のアミノ酸配列が60％一致するが，DNAの塩基配列は40％しか一致しない．これはなぜだろう．

（3）PCRは通常，2個の配列の知られた部分の間を増幅するために使われる．いまわかっている配列が1個だけの場合，その周辺の塩基配列を調べるにはどうしたらよいか．

（4）グリシンはタンパク質のアミノ酸配列中では非常に保存された（進化の過程で変化することが少なく，どの生物でも共通に存在する）アミノ酸であることが知られているが，これはなぜか．

（5）タンパク質の一本の非常に長いポリペプチド鎖にいくつもの触媒部位がある場合，これにはどんな不都合があるだろうか．

（6）アデニン18％の塩基組成をもつ一本鎖DNAからDNAポリメラーゼで複製を行い，次に新しくできた相補的DNAを鋳型としてRNAポリメラーゼでRNAを合成した．このRNAの塩基組成を示せ．

（7）次の疾患はそれぞれどのようなビタミンの欠乏によるものか（本文中の「ビタミンワンポイント」記事中にヒントがあります）．
（a）かっけ，（b）ペラグラ，（c）壊血病，（d）くる病

## 利己的遺伝子とアサガオの花

　"自然淘汰"を生物の個体ではなく遺伝子の単位で考えると，生物の多様な性質は，その遺伝子が生存や増殖に有利である場合に進化するという見方があり，この遺伝子を利己的遺伝子(selfish gene)といいます．この見方では，個体の生存は重要ではなく，利己的である遺伝子が個体を超えて生存しようとします．生物時計の遺伝子も最も利己的な遺伝子の一つであり，この遺伝子がない個体は進化のなかで自然淘汰されて現在では生き残っていません．

　植物では葉に生物時計があり，昼と夜の長さを測ることができます．一日の昼と夜の時間をはかり，夏の暑い盛りとはいえすでに日が短くなりつつあることを知り，秋に実をつけられるように花を咲かせる準備をはじめます．涼しい秋が到来してからそのような準備をしていては，種子をつくる前に厳しい冬がやってきてしまうことを知っているのです．短日植物のアサガオは，夏の昼の長さでは花をつけながら頂芽のつるをのばしていきますが，人工的に昼をもっと長くしてやるといつまでたっても花が咲きません．しかし，発芽して4日目の双葉をひろげたその日に一度だけ長い夜をすごさせると，赤ちゃんのようなアサガオも，秋の到来を感じて花を咲かせます(写真)．

　アサガオのような一年生の草本では，頂芽が"栄養成長"から花芽の"生殖成長"に切り替わることはその個体の死が近いことを意味しています．たった1度の長い夜を過ごしたアサガオは，その後長い昼の状態にしても花が咲き実をつけ，そして枯れていきます．花は個体の生存に優先して，遺伝子を生き残らせるための器官なのです．

　私たちが今までもっていた花にたいするイメージは，このような花のもつ使命を知ると変わってきます．人間は長い歴史のなかでヒトが美しいと思う花を好みで選択して栽培してきましたが，徒花に実はならぬといわれるように，そのような花の多くは種子をつけないため，株わけで増やしてきました．人は生きているとき，徒花を美しいと思い暮らしていますが，老いて死ぬときこのようなアサガオの花に美しさを感じるのかもしれません．

**発芽後の頂芽が花になったアサガオ**
発芽してすぐでも，長い日照時間を短く切り替え，秋の到来を知らせると，個体の栄養成長を止めて花をつけ，遺伝子を次世代に残す準備をする．

# 酵素名一覧

## 5章
| | | |
|---|---|---|
| 5.1 | カタラーゼ | 49, 83 |

## 7章
| | | |
|---|---|---|
| 7.1 | ヘキソキナーゼ | 62, 103 |
| 7.2 | グルコースホスフェートイソメラーゼ | 65 |
| 7.3 | ホスホフルクトキナーゼ | 65, 102 |
| 7.4 | アルドラーゼ | 65 |
| 7.5 | トリオースホスフェートイソメラーゼ | 66 |
| 7.6 | グリセルアルデヒド-3-ホスフェートデヒドロゲナーゼ | 67 |
| 7.7 | ホスホグリセレートキナーゼ | 69 |
| 7.8 | ホスホグリセロムターゼ | 69 |
| 7.9 | エノラーゼ | 69 |
| 7.10 | ピルベートキナーゼ | 70, 102 |
| 7.11 | ラクテートデヒドロゲナーゼ | 70 |
| 7.12 | ピルベートデカルボキシラーゼ | 71 |
| 7.13 | アルコールデヒドロゲナーゼ | 72, 83 |

## 8章
| | | |
|---|---|---|
| 8.1 | ピルベートデヒドロゲナーゼ | 77, 84 |
| 8.2 | シトレートシンターゼ | 78 |
| 8.3 | アコニテートヒドラターゼ | 79 |
| 8.4 | イソシトレートデヒドロゲナーゼ | 79, 84 |
| 8.5 | 2-オキソグルタレートデヒドロゲナーゼ | 79, 84 |
| 8.6 | スクシニル CoA シンテターゼ | 80 |
| 8.7 | スクシネートデヒドロゲナーゼ | 80 |
| 8.8 | フマレートヒドラターゼ(フマラーゼ) | 80 |
| 8.9 | マレートデヒドロゲナーゼ | 81 |
| 8.10 | アルデヒドデヒドロゲナーゼ | 82, 83, 137 |
| 8.11 | シトクロム P-450 | 83 |

## 9章
| | | |
|---|---|---|
| 9.1 | グルコース-6-ホスフェートデヒドロゲナーゼ | 86 |
| 9.2 | 6-ホスホグルコノラクトナーゼ | 87 |
| 9.3 | 6-ホスホグルコネートデヒドロゲナーゼ | 87 |
| 9.4 | リボースホスフェートイソメラーゼ | 87 |
| 9.5 | リブロースホスフェートエピメラーゼ | 88 |
| 9.6 | トランスケトラーゼ | 88 |
| 9.7 | トランスアルドラーゼ | 89 |

## 10章
| | | |
|---|---|---|
| 10.1 | アシル CoA シンテターゼ | 83, 92, 116 |
| 10.2 | アシル CoA デヒドロゲナーゼ | 93 |
| 10.3 | エノイル CoA ヒドラターゼ | 93 |
| 10.4 | L-3-ヒドロキシアシル CoA デヒドロゲナーゼ | 94 |
| 10.5 | 3-オキソアシル CoA チオラーゼ | 94 |

## 11章
| | | |
|---|---|---|
| 11.1 | ピルベートカルボキシラーゼ | 97, 102 |
| 11.2 | ホスホエノールピルベートカルボキシキナーゼ | 97 |
| 11.3 | フルクトース-1,6-ビスホスファターゼ | 98, 102 |
| 11.4 | グルコース-6-ホスファターゼ | 98 |
| 11.5 | ホスホグルコムターゼ | 100 |
| 11.6 | UDP グルコースピロホスホリラーゼ | 100 |
| 11.7 | グリコーゲンシンターゼ | 100 |
| 11.8 | グリコーゲンホスホリラーゼ | 101 |
| 11.9 | イソシトレートリアーゼ | 103 |
| 11.10 | マレートシンターゼ | 104 |

## 12章
| | | |
|---|---|---|
| 12.1 | リブロース-1,5-ビスホスフェートカルボキシラーゼ / オキシゲナーゼ | 108 |
| 12.2 | PEP カルボキシラーゼ | 109 |
| 12.3 | ピルベートオルトホスフェートジキナーゼ | 110 |

## 13章
| | | |
|---|---|---|
| 13.1 | アセチル CoA カルボキシラーゼ | 112 |
| 13.2 | ACP アセチルトランスフェラーゼ | 113 |
| 13.3 | ACP マロニルトランスフェラーゼ | 113 |
| 13.4 | 3-オキソアシル ACP シンターゼ | 113 |
| 13.5 | 3-オキソアシル ACP レダクターゼ | 113 |
| 13.6 | 3-ヒドロキシアシル ACP デヒドラターゼ | 113 |
| 13.7 | エノイル ACP レダクターゼ | 113 |
| 13.8 | アシル ACP ヒドロラーゼ | 114 |
| 13.9 | リンゴ酸酵素 | 114 |
| 13.10 | ATP シトレートリアーゼ | 115 |

## 14章
| | | |
|---|---|---|
| 14.1 | グルタミンシンテターゼ | 118 |
| 14.2 | グルタメートシンターゼ | 119 |
| 14.3 | アミノトランスフェラーゼ | 102, 119 |
| 14.4 | カルバモイルホスフェートシンテターゼ I | 121 |
| 14.5 | グルタメートデヒドロゲナーゼ | 121 |

## 16章
| | | |
|---|---|---|
| 16.1 | DNA ポリメラーゼ | 131 |
| 16.2 | DNA リガーゼ | 132 |
| 16.3 | RNA ポリメラーゼ | 136 |

## もっと詳しく学びたい人へ

『マッキー生化学　分子から解き明かす生命　第4版』
T. McKee, J. R. McKee 著，市川 厚 監修，福岡伸一 監訳，化学同人（2010）
▶生化学の基礎だけでなく，最新かつ重要な知識を簡潔に学べるテキスト．

『コーンスタンプ生化学（第5版）』
E. E. Conn, P. K. Stumpf, G. Bruening, R. H. Doi 著，田宮信雄，八木達彦 訳，東京化学同人（1988）
▶数十年の歴史をもつ，生化学の古典的教科書．

『ヴォート 生化学　第4版』
D. Voet, J. G. Voet 著，田宮信雄，村松正實，八木達彦，吉田浩，遠藤斗志也 訳，東京化学同人（2012）
▶本書で生化学の基礎を学んでから，さらに生化学を学びたい人や，代謝の詳細を学ぶ人のための教科書．

『アルコールと栄養・お酒とうまく付き合うために』
糸川嘉則，栗山欣弥，安本教傳 編，光生館（1992）
▶ストレス解消などお酒をのむメリットを生かしつつ，健康に気をつけるためのコツを教えてくれる．

『どぶろくをつくろう』
前田俊彦 編，農文協（1981）
▶どぶろく造りは日本では禁止されているが，先人の知恵を生化学の目でみてみよう！

『飲酒の生理学』
梅田悦生，裳華房（1997）
▶一気飲みの怖さや，飲みだすと止まらないわけなどナットクの生理学．

『酒の科学』
吉澤淑 編，朝倉書店（1995）
▶酒つくりの歴史や醸造の生化学，法規制など酒に関する総合的な知識が学べる．

『お酒のはなし』
塚越規弘，栗山一秀，井上喬 責任編集，学会出版センター（1994）
▶日本古来のお酒である清酒や人気のビールについて，つくる際の工夫や歴史などを紹介．

『新装版　こつの科学』
杉山浩一，柴田書店（2006）
▶料理のコツを科学の目でみていくと，本に書かれていない料理のコツも自然と会得できるのです！　料理人のバイブル．

# 章末問題の解答

## 1章 水

（1）$[H^+][OH^-]=10^{-14}$であるから$[OH^-]$
　　　$=10^{-13}$ mol/L
（2）0.01, 0.1, 1, 10, 100
　　　$pH = pK_a + \log[A^-]/[HA]$ であるので．
（3）胃
　　　胃内のpHは約1.5，小腸ではpHは約6である．したがってアスピリンは胃では電離していないため吸収される．
（4）いろいろなものを溶かす性質．
（5）血液では炭酸陰イオン，血胞内ではリン酸陰イオン．

## 2章 炭水化物

（1）不斉炭素がない．
（2）0.36と0.64
（3）(a) エピマー，(b) アノマー，(c) アルドース・ケトース，(d) アルドース・ケトース，(e) エピマー，(f) アルドース・ケトース．
（4）グルコースは還元糖で開環型のアルデヒドが反応しやすいから．
　　　トレハロースも非還元糖であるため，最近は保存によく使われる．
（5）D-フルクトースは（−）の性質を示す．
（6）プロテオグリカンに吸収された水は，空気とは異なり外圧で圧縮できないため機械的圧迫に対して抵抗性があり，細胞が変形するのを防ぐ働きがある．

## 3章 脂質

（1）大豆油に多いリノール酸など植物油に多く含まれる不飽和脂肪酸は酸化されやすいから．
（2）飽和脂肪酸のほうがまっすぐな構造をとりやすく，また対称性が高く固体と液体での分子の自由度の差が小さいため，分子間力に打ち勝つような分子運動を起こすためには，より高い温度が必要になる．
（3）水溶性ビタミンは尿にすみやかに排出されるが，脂溶性ビタミンは体内に貯蔵でき，また腎臓からきわめてゆっくり排出されるから．
（4）通常，貯蔵脂肪の融点は体温より2，3℃低い．貯蔵脂肪を酵素で細胞外に動員するとき，固体ではその表面にしか酵素が接触できない．また固体では脂肪組織が固くなり，機械的ストレスに弱くなる．しかし，不飽和脂肪酸は飽和脂肪酸に比べて貯蔵できるエネルギーが小さいため，体温よりわずかに低い融点でできるだけエネルギーを多くためている．霜降り肉の脂肪が固形である理由は，死後に肉が体温より低下したためである．
（5）血液中で，脂質の溶解性を高めている．また，体細胞によるリポタンパク質への結合ととりこみを可能にする受容体の役割をもつ．
（6）$K^+$は$Na^+$より水和半径が小さくタンパク質の多い細胞内に集積する．

## 4章 アミノ酸

（1）アラニンのpIが$\alpha$-カルボキシ基の$pK_a$より高く，$\alpha$-アミノ基の$pK_a$より低いため，どちらの基も電離しているため．
（2）カゼインはまずセリンがタンパク質合成でとり込まれたのち，セリン残基がプロテインキナーゼでリン酸化されたものであるから．
（3）① オルニチン（アルギニン），② リジン，③ グルタミン酸，④ヒスチジン，共通する反応：脱炭酸反応．

## 5章　タンパク質・酵素

(1) チオール基(−SH)を含んだ化合物を髪の毛に加えて温め，ケラチンのジスルフィド結合を切り(−SH　HS−)，髪の毛を柔らかくする．次に，望みのカールにセットして酸化剤を加えて，ふたたびジスルフィド結合を形成する(−S−S−)．

(2) $100 \times 56 / 0.326 = 17200$

(3) 等電点より大きい電界では，タンパク質は負の電荷を示し陽極へ移動する(aのpH 8，bのpH 9.0，cのpH 11，dのpH 3.5，7.0，9.5)．等電点より小さい電界では，タンパク質は正の電荷を示し陰極へ移動する(bのpH 3.0，cのpH 4.5)．また等電点と等しい電界では移動しない(cのpH 9.5)．

(4) 酵素の活性部位はアミノ酸残基でイオン化していることがあり，また活性部位以外のイオン化する残基も酵素の構造を変化させるためpHにより大きく活性が左右される．さらに基質もイオン化している場合が多く，一定のイオン化状態でないと反応しない．そのため両者の条件がそろった最適pHが存在する．

(5) アスパルテームは，体内に吸収されると分解されてフェニルアラニンとアスパラギン酸になり，分解できないフェニルアラニンが蓄積してしまうから．

(6) ペプチドはN末端から呼ぶため，グリシルアラニンはグリシンの−COOHとアラニンの−NH₂がペプチド結合したものである．

## 6章　ヌクレオチド・核酸

(1) ヌクレオシドの5炭糖の5位の炭素の−OHにリン酸がエステル結合したものがヌクレオチドである．

(2) アデニン(A) 31%，シトシン(C) 19%，チミン(T) 31%．

(3) 5-フルオロウラシル

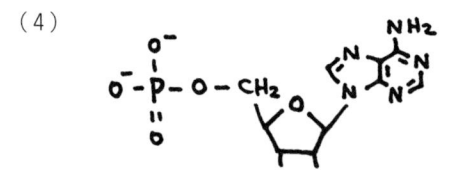

(4) AMP（電離した形）
リン酸基は二つの負電荷をもつ．

(5) $4^8 = 65536$通り．

(6) DNA中ではGとC，AとTがペアで水素結合している．GとCは3個の水素結合，AとTでは2個の水素結合をしているため，G≡Cのほうが A=T より離れにくく，融点が高い．

(7) 49
ポリヌクレオチドを構成するヌクレオチドの数より，いつも一つ少ない．

## 7章　解糖と発酵

(1) 果糖は，「フルクトース1-リン酸」から「グリセルアルデヒド＋ジヒドロキシアセトンリン酸」そして「2分子のグリセルアルデヒド3-リン酸」で解糖系に入り，解糖系の鍵酵素ホスホフルクトキナーゼ活性がATPの濃度上昇によりアロステリックに抑制されても，次つぎに代謝されるため乳酸がたまるため．血液が酸性となり，代謝性アシドーシスを起こすので，点滴に果糖は適さない．

(2) グルコース6-リン酸からグリセルアルデヒド3-リン酸までの中間代謝産物は蓄積し，1,3-ビスホスホグリセリン酸からピルビン酸までの中間代謝産物は枯渇する．

(3) ⒜ 分子内基転移，⒝ エピマーの関係にある糖変換，⒞ リン酸化，⒟ 構造異性化．

（4）構造式は略．グリセルアルデヒド -3- ホスフェートデヒドロゲナーゼ．

## 8章　TCAサイクルと電子伝達系

（1）ADPを構造に含むこと．
（2）TCAサイクルは停止する．
　　$NAD^+/NADH + H^+$ や $FAD/FADH_2$ の比率でTCAサイクルの速度が制御されている．
（3）TCAサイクルの中間体が減少すると，アセチルCoAを受けとるオキサロ酢酸も減り，結果的にアセチルCoAが蓄積する．アセチルCoAはピルビン酸デヒドロゲナーゼ複合体の活性を阻害し，ピルビン酸カルボキシラーゼ活性を促進する．その結果，ピルビン酸はオキサロ酢酸に変わり，TCAサイクルの中間体は補充される．ピルビン酸カルボキシラーゼのような反応は補充反応(anaplerotic reaction)として知られている．
（4）3価型ヘモグロビンは青酸カリと結合して，青酸カリがシトクロム酸化酵素と結合するのを妨げる．シトクロム酸化酵素に比べてヘモグロビンは血液中にはるかに多量にあり治療効果が高い．

## 9章　ペントースリン酸経路

（1）アルデヒド基の糖(アルドース)とケト基の糖(ケトース)の違い．
　　グルコース6-リン酸とフルクトース6-リン酸，グリセルアルデヒド3-リン酸とジヒドロキシアセトンリン酸．
（2）次のような実験が考えられる．
　　(a) モノヨード酢酸のような阻害剤をつかう．
　　(b) RI(放射性)基質をつかい，トレーサー(追跡)実験を行う．
　　(c) 各経路の酵素活性を測定する．
　　(d) 組織からの抽出液中の代謝中間体を定量する．
（3）フルクトース6-リン酸はエリトロース4-リン酸に変わり，エリトロース4-リン酸はフルクトース6-リン酸になるため，見かけ上は変化がない．
（4）受けとった水素を酸素と反応させてエネルギーを得る $NAD^+$ とは異なり，脂肪酸合成のように水素を生合成につかうときに $NADP^+$ が用いられる．

## 10章　脂肪酸のβ酸化

（1）8ATP
　　最初にATPが使われてアセチルCoAができるが，そのときATPはAMPになる．これはATPがADPになる場合の2分子に相当する(−2ATP)．アセチルCoA 1分子はTCAサイクルで $3NADH + H^+$ と $1FADH_2$ と1GTPになり，ATP換算では10ATPである．すなわち−2ATP＋10ATP＝8ATP．
（2）脂肪の炭化水素($-CH_2-$)は酸素と反応して二酸化炭素と水(同化水)になる．旅の間ラクダは貯蔵脂肪を燃やして水を得ている．
　　ろうそくを燃やしたとき，近くに冷えたガラスを置くと水滴がつく．これも同じように脂肪(ろう)の燃焼により発生した水である．
（3）菜種，ピーナッツ，アーモンドなどの種子での貯蔵．

## 11章　糖新生とグリオキシル酸経路

（1）解糖からTCAサイクルに入る反応を触媒する酵素，ピルビン酸デヒドロゲナーゼが逆行できないため．
　　植物や微生物ではグリオキシル酸経路でアセチルCoA 2分子からリンゴ酸1分子が合成できるため，解糖を逆行できる．
（2）ピルベートカルボキシラーゼ(式11.1)，マレートデヒドロゲナーゼ(式8.9)，PEPカルボキシキナーゼ(式11.2)，フルクトース1,6-ビスビスホスファターゼ(式11.3)，グルコース-6-ホスファターゼ(式11.4)の各反応を参照すること．
（3）シトレートシンターゼの反応(式8.2)．

## 12章　光合成

(1) 植物の葉が緑色にみえるのは，クロロフィルによる．クロロフィルはおもに日光の赤と青領域の光を吸収する．日光のなかでクロロフィルに吸収されない光がヒトには緑色にみえる．

(2) $6CO_2 + 12H_2O \longrightarrow C_6H_{12}O_6 + 6O_2 + 6H_2O$
以前の式では右辺と左辺の両方にある $H_2O$ を相殺して示していたが，その式では炭水化物中の6 ($H_2O$) が左辺の $H_2O$ から生成されると誤解されやすいため，上記の式を用いるようになった．

(3) $C_4$植物は生育し，$C_3$植物は枯死する．
密閉容器内では二酸化炭素が外から供給されないため，奪い合いとなる．$C_4$植物のほうが二酸化炭素をとり込む能力が高いので，密閉容器内の二酸化炭素濃度はだんだん低くなり，$C_3$植物は光呼吸を行い酸素を吸収して二酸化炭素を吐きだし，最後に枯死する．

(4) この植物は CAM 植物で，二酸化炭素の同化と光合成が時間的隔離で行われるため，夜の間に二酸化炭素をとり込んでリンゴ酸でためておくので，朝方にはたまったリンゴ酸のために酸っぱくなり，昼はリンゴ酸から放出された二酸化炭素を光合成で再同化し，リンゴ酸が消失して無味となる．

## 13章　脂肪酸合成

(1) 牛，豚，鶏は植物を餌にして必須脂肪酸を摂取しているから，肉や卵，牛乳にも必須脂肪酸が含まれている．したがって欠乏症にはならない．

(2) クエン酸はミトコンドリアで合成されるが，エネルギーが十分あるときは TCA サイクルが止まり，クエン酸濃度が上昇する．そしてあまったエネルギーを脂肪酸合成にまわすため．

## 14章　窒素同化とアミノ酸代謝

(1) (a) ピルビン酸，(b) オキサロ酢酸，(c) 2-オキソグルタル酸，(d) フェニルピルビン酸．

(2) 運動中に筋肉へ ATP を供給すること．
ヒトのクレアチンリン酸は，クレアチンキナーゼの逆反応で運動中に ATP を供給するが，同じような機能をアルギニンリン酸ももつ．

(3) 窒素固定を行う場合は常に嫌気条件が必要で，光合成で酸素が発生する場所と同じところでは反応ができない．そこでヘテロシストでは，光化学系Ⅰで窒素固定のための ATP を供給するが，酸素発生の光化学系Ⅱがなくなっている．
ちなみに単細胞ラン藻では，空間の隔離ではなく昼は光合成，夜は窒素固定というように時間的な隔離が行われている．

## 15章　ヌクレオチド合成

(1) アデニンはヒポキサンチン，グアニンはキサンチンになり，ヒポキサンチンはキサンチンオキシダーゼによりキサンチンに，キサンチンは同じキサンチンオキシダーゼで尿酸となる．このためキサンチンオキシダーゼの阻害剤であるアロプリノールの投与をすると，キサンチンが腎臓にたまりやすい一方，ヒポキサンチンは尿から排出されやすい．

(2) 窒素固定の窒素ガスをアンモニアに還元するときのエネルギーにつかわれるから．

(3) チミジル酸シンターゼ
dUMP $\longrightarrow$ dTMP の反応が阻害されると考えられる．

## 16章　DNA複製とタンパク質合成

(1) 温泉の藻類では DNA が融解しないように GC 含量が高く，バリンのコードでも GUC や GUG が多くつかわれている．AT 間は水素結合が二つしかないが GC 間には水素結合が三つあるため，GC の含量が高いと二本鎖の結合が強くなる．

(2) アミノ酸20種をコードする塩基配列は20種類以上あり，18種のアミノ酸はそれぞれ複数のコドンが同じアミノ酸を指定している．このため塩基配列が違っていてもアミノ酸配列は変わらな

いことがある．
アミノ酸配列の変化はタンパク質の構造の変化を引き起こすため，通常は有害であり，厳しい選択を受けるため生き残れない．

（3）最初にゲノムDNAを制限酵素で切断し，電気泳動でわかっている配列を含むDNA断片をとりだす．このなかには目的の配列を含まないDNA断片も含まれている．次にDNA断片を環状にする．そしてわかっている配列をプライマーにしてPCRを行うと，目的の配列を含むDNA断片が増幅できる．

（4）グリシンはアミノ酸のなかでは，側鎖が—Hであるためほかのアミノ酸よりポリペプチド鎖が折れ曲がりやすく，タンパク質の3次元構造に大きな影響を及ぼすためと考えられている．

（5）ポリペプチド鎖が正確に合成される確率が低くなるため，酵素としての機能が正しく働く可能性も低くなる．
正確なアミノ酸配列でポリペプチド鎖を合成する確率は，鎖が長くなるほど急速に低くなる．しかしそれぞれが機能をもつペプチド（サブユニット）の複合体である酵素の場合には，1個のサブユニットがだめになってもほかのサブユニットが正常であるため，全体での酵素複合体が正しく合成される確率が高くなる．

（6）アデニン18%，グアニン32%，シトシン32%，ウラシル18%．

（7）(a) ビタミン$B_1$，(b) ニコチン酸，(c) ビタミンC，(d) ビタミンD．

# 索　引

## アルファベット

| | |
|---|---|
| ACP | 113 |
| ──アセチルトランスフェラーゼ | 113 |
| ──マロニルトランスフェラーゼ | 113 |
| ADP | 55 |
| AMP | 55 |
| ──デアミナーゼ | 57 |
| ATP | 55, 63, 84 |
| ──シトレートリアーゼ | 115 |
| $C_3$植物 | 109 |
| $C_4$植物 | 109 |
| cAMP | 57 |
| ──依存性プロテインキナーゼ | 58 |
| CAM植物 | 111 |
| cGMP | 57 |
| coenzyme A (CoA) | 77 |
| DNA | 59, 130 |
| ──フィンガープリント法 | 134 |
| ──複製 | 130 |
| ──ポリメラーゼ | 131, 133 |
| ──リガーゼ | 132 |
| EMP経路 | 73 |
| FAD | 77 |
| GABA | 41 |
| ──側路 | 41 |
| GTP | 80 |
| Gタンパク質共役型受容体 | 58 |
| HMG-CoAサイクル | 103 |
| HMGレダクターゼ | 38 |
| IMP | 56 |
| IU | 51 |
| Kat | 51 |
| LDL | 36 |
| M | 5 |
| MEOS | 83 |
| ──系 | 137 |
| mRNA | 136 |
| $Na^+, K^+$-ATPアーゼ | 35 |
| $Na^+, K^+$ポンプ | 35 |
| $Na^+$イオン勾配 | 35 |
| $NAD^+$ | 68 |
| $NADP^+$ | 86 |
| PCR | 133 |
| PEPカルボキシラーゼ | 109 |
| pH | 5 |
| $pK_a$ | 7 |
| rDNA | 137 |
| RNA | 59, 135 |
| RNS | 85 |
| RNアーゼ | 47 |
| ROS (reactive oxygen species) | 85 |
| rRNA | 137 |
| SOD | 85 |
| TCAサイクル | 75 |
| ──の調節因子 | 84 |
| TPP | 77 |
| tRNA | 136 |
| UDPガラクトース | 101 |
| UDPグルコース | 100 |
| ──ピロホスホリラーゼ | 100 |

## ギリシャ文字

| | |
|---|---|
| $\alpha$-アミラーゼ | 53 |
| $\alpha$化 | 74 |
| $\alpha$-ケトグルタル酸 | 79 |
| $\alpha$-トコフェロール | 32 |
| $\alpha$ヘリックス | 46 |
| $\alpha$-リノレン酸 | 30 |
| $\beta$-アミラーゼ | 53 |
| $\beta$-アラニン | 41 |
| $\beta$-カロテン | 107 |
| $\beta$シート | 46 |
| $\beta$-マルトース | 53 |
| $\gamma$-リノレン酸 | 30 |

## あ

| | |
|---|---|
| アガロース | 25 |
| アクリルアミド | 46 |
| cis-アコニット酸 | 79 |
| アコニテートヒドラターゼ | 79 |
| アシルCoA | 92 |
| ──シンテターゼ | 92 |
| ──デヒドロゲナーゼ | 93 |
| アシルグリセロール | 28 |
| アシルリン酸結合 | 69 |
| L-アスコルビン酸 | 47 |
| アスパラギン | 40 |
| アスパラギン酸 | 41 |
| アスパルテーム | 45 |
| アスピリン | 9 |
| アセチルCoA | 77 |
| ──カルボキシラーゼ | 112 |
| N-アセチルグルコサミン | 25 |
| アセチルコリン受容複合体 | 34 |
| アセチルムターゼ | 67 |
| アセトアルデヒド | 71 |
| アセト酢酸 | 103 |
| アセトン | 11 |
| アデニル酸 | 55 |
| ──シクラーゼ | 58 |
| アデニレートキナーゼ | 93 |
| アデニン | 55 |
| ──デアミナーゼ | 127 |
| アデノシン | 54 |
| L-アドレナリン | 43 |
| アノマー | 16 |
| アビジン | 98 |
| アミノアシル-tRNA | 138 |
| ──シンテターゼ | 138 |
| アミノ酸 | 39 |
| ──デカルボキシラーゼ | 43 |

# 索引

| | | |
|---|---|---|
| アミノトランスフェラーゼ | 119 | |
| アミノムターゼ | 67 | |
| アミノ酪酸 | 41 | |
| アミラーゼ | 8 | |
| アミルアルコール | 4 | |
| アミロース | 22 | |
| アミロペクチン | 22 | |
| アミン | 43 | |
| アラキドン酸 | 30 | |
| アラニン | 40 | |
| アラビノース | 15 | |
| 亜硫酸ソーダ | 72 | |
| アルギナーゼ | 123 | |
| アルギニン | 41 | |
| アルギノコハク酸 | 123 | |
| アルギノスクシネートシンテラーゼ | 123 | |
| アルギノスクシネートリアーゼ | 123 | |
| アルコール | 137 | |
| ——デヒドロゲナーゼ | 73 | |
| ——発酵 | 68, 71 | |
| アルデヒドデヒドロゲナーゼ（ALHD） | 83, 137 | |
| アルドース | 10 | |
| アルドラーゼ | 65 | |
| アルトロース | 15 | |
| アロース | 15 | |
| アロステリック活性化部位 | 64 | |
| アロステリック効果 | 64 | |
| アロステリック酵素 | 64 | |
| アロステリック阻害部位 | 64 | |
| アロプリノール | 129 | |
| アンチコドン | 137 | |
| 安定同位体 | 119 | |
| アンヒドロ-L-ガラクトース | 25 | |
| イオン結合 | 46 | |
| イオン積 | 5 | |
| イソクエン酸 | 79 | |
| イソシトレートデヒドロゲナーゼ | 79 | |
| イソシトレートリアーゼ | 102 | |
| イソプレン単位 | 38 | |
| イソペンテニル二リン酸 | 38 | |
| イソマルトース | 21 | |
| イソロイシン | 40 | |
| 一重項酸素 | 85 | |
| 一次輸送 | 35 | |
| イドース | 15 | |
| イノシン酸 | 56, 125 | |
| イントロン | 136 | |
| インベルターゼ | 27 | |
| ウラシル | 55 | |
| ウリジル酸 | 54 | |
| ウリジン | 54 | |
| ウロン酸 | 19 | |
| 運搬 RNA | 136 | |
| エイコサペンタエン酸 | 30 | |
| エキソン | 136 | |
| 液糖 | 65 | |
| エタノール | 4 | |
| エナンチオマー | 12 | |
| エネルギー充足率 | 93, 102 | |
| エノイル ACP レダクターゼ | 113 | |
| エノイル CoA | 93 | |
| ——ヒドラターゼ | 93 | |
| エノール型 | 11 | |
| エノラーゼ | 69 | |
| エピマー | 15 | |
| エピメラーゼ | 88 | |
| エマルジョン | 29 | |
| エムデン-マイヤーホフ-パルナス経路 | 73 | |
| エリトリトール | 89 | |
| エリトロース | 15 | |
| D-—— | 89 | |
| ——4-リン酸 | 89 | |
| 塩基 | 54 | |
| オキサロ酢酸 | 81 | |
| 3-オキソアシル ACP | 113 | |
| ——シンターゼ | 113 | |
| ——レダクターゼ | 113 | |
| 3-オキソアシル CoA | 94 | |
| ——チオラーゼ | 94 | |
| 2-オキソグルタル酸 | 79 | |
| 2-オキソグルタレートデヒドロゲナーゼ | 79 | |
| オリゴ糖類 | 10, 20 | |
| オルニチン | 41 | |
| ——カルバモイルトランスフェラーゼ | 123 | |
| オレイン酸 | 30 | |
| オロチジル酸 | 126 | |
| オロト酸 | 126 | |

## か

| | |
|---|---|
| 壊血病 | 48 |
| 解糖 | 62 |
| ——系 | 73 |
| 解離定数 | 5 |
| 核酸 | 59 |
| カダベリン | 43 |
| カタラーゼ | 49, 83 |
| カタール | 51 |
| 活性窒素種 | 85 |
| カプサイシン | 37 |
| ガラクツロン酸 | 19 |
| ガラクトース | 15 |
| ガラクトキナーゼ | 101 |
| カルシウム結合タンパク質 | 140 |
| カルバモイルホスフェートシンテラーゼ I | 120 |
| カルバモイルリン酸 | 120 |
| カルビンサイクル | 108 |
| カロテノイド | 105 |
| 還元的 TCA サイクル | 108 |
| 還元的ペントースリン酸回路 | 107 |
| 緩衝液 | 7 |
| 緩衝作用 | 7 |
| 環状ヌクレオチド | 57 |
| キサンチル酸 | 126 |
| キサンチンオキシダーゼ | 127 |
| キサンチン結石 | 129 |
| 基質 | 49 |
| キシラン | 24 |
| キシリトール | 10 |
| キシロース | 15, 24 |
| ——5-リン酸 | 88 |
| キチン | 25 |
| キトサン | 25 |
| 鏡像異性体 | 11 |
| キラリティ | 39 |
| キラル炭素 | 11 |
| グアニル酸 | 56 |

| | | | | |
|---|---|---|---|---|
| グアニン | 55 | グルタメートシンターゼ | 119 | サルベージ経路 128 |
| ——デアミナーゼ | 127 | グルタメートデヒドロゲナーゼ | 121 | 酸化的リン酸化 84 |
| グアノシン | 54 | グルタル酸 | 79 | ジアステレオマー 16 |
| クエン酸回路 | 75 | グレブスサイクル | 75 | シキミ酸 90 |
| グライコミクス | 26 | グロース | 15 | シグナル伝達 58 |
| グライコーム | 26 | クローン | 130 | シグナル分子 58 |
| グラナ | 105 | クロロフィル | 105, 106 | シグナルペプチド 139 |
| グリオキシソーム | 104 | クロロプラスト | 105 | シグモイド型 64 |
| グリオキシル酸経路 | 102 | ケトース | 10 | システイン 40 |
| グリコーゲン | 10, 99 | ケト酸 | 119 | システム生物学 140 |
| ——シンターゼ | 100 | ゲノミクス | 135 | ジスルフィド結合 46 |
| ——ホスホリラーゼ | 101 | ゲノム | 130 | ジスルフィラム 82 |
| グリコシド結合 | 20 | ケファリン | 33 | シチジン 54 |
| グリシン | 40 | ケラチン | 52 | シトクロム 83 |
| グリセリン | 72 | ゲル | 29 | ——P-450 83 |
| グリセルアルデヒド | 10 | けん化 | 29 | ——酸化酵素 85 |
| ——の立体構造 | 11 | 嫌気条件 | 75 | シトシン 55 |
| グリセルアルデヒド-3-ホスフェート | | 互異性体 | 11 | シトルリン 123 |
| デヒドロゲナーゼ | 67 | 高エネルギー化合物 | 69 | シトレートシンターゼ 78 |
| D-グリセルアルデヒド3-リン酸 | 66 | 好気条件 | 75 | ジヒドロキシアセトン 11 |
| グリセロース | 11 | 光合成 | 105 | ——リン酸 66 |
| グリセロール | 72 | 甲状腺ホルモン | 91 | $1\alpha, 25$-ジヒドロキシコレカルシフェ |
| sn-グリセロール3-リン酸 | 28 | 酵素 | 48 | ロール 140 |
| グリセロ糖脂質 | 26 | ——カスケード | 58 | 脂肪酸 92, 112 |
| グルクロン酸 | 19 | ——基質複合体 | 50 | ——シンターゼ 114 |
| グルコース | 10 | ——単位 | 50 | 受動輸送 34 |
| ——6-ホスファターゼ | 98 | 構造異性体 | 30 | 受容体型チロシンキナーゼ 58 |
| ——6-ホスフェートデヒドロゲ | | 糊化 | 23 | 少糖類 10 |
| ナーゼ | 86 | 呼吸バースト | 85 | 触媒 48 |
| ——6-リン酸 | 65 | コドン | 135 | シンターゼ 80 |
| ——-アラニン回路 | 123 | コハク酸 | 80 | シンテターゼ 80 |
| ——イソメラーゼ | 65 | コラーゲン | 26, 47 | 水素イオン 82 |
| ——パーミアーゼ | 35 | コリ回路 | 96 | 水素結合 3, 46 |
| ——ホスフェートイソメラーゼ | 65 | コール酸 | 38 | 水和 35 |
| ——輸送体 | 35 | コレカルシフェロール | 140 | スーパーオキシドラジカル 85 |
| グルコキナーゼ | 63 | コレステロール | 38 | スクシニルCoA 79 |
| グルコサミン | 19 | コロイド粒子 | 29 | ——シンテターゼ 80 |
| グルコピラノース | 16 | 混成共鳴構造 | 46 | スクシネートチオキナーゼ 80 |
| グルコフラノース | 17 | 根粒細菌 | 117 | スクシネートデヒドロゲナーゼ 80 |
| グルコン酸 | 19 | | | スクロース 10, 21 |
| グルタミン | 40 | **さ** | | スタチン 38 |
| グルタミン酸 | 41 | 最適pH | 49 | ステアリン酸 30 |
| グルタミン酸ナトリウム | 41 | 最適温度 | 49 | ストロマ 105 |
| グルタミンシンテターゼ | 118 | 酢酸エチル | 4 | スニップ(SNP) 134 |

| | | | | | |
|---|---|---|---|---|---|
| スフィンゴ糖脂質 | 26 | チャネル | 34 | ドーパミン | 43 |
| スプライシング | 136 | 中性脂肪 | 28 | トランスアルドラーゼ | 89 |
| 制限酵素 | 134 | チラコイド膜 | 105 | トランスクリプトーム | 135 |
| 生合成系 | 62 | チロキシン | 91 | トランスケトラーゼ | 88 |
| 生物時計 | 142 | チロシン | 40 | トリアシルグリセロール | 28 |
| セカンドメッセンジャー | 58 | 痛風 | 129 | トリオースホスフェートイソメラーゼ | |
| D-セドヘプツロース7-リン酸 | 89 | 低密度リポタンパク | 35 | | 66 |
| セファリン | 33 | デオキシアデノシン | 54 | トリカルボン酸サイクル | 75 |
| ゼラチン | 47 | デオキシウリジン | 54 | トリプトファン | 40 |
| セラミド | 26 | デオキシグアノシン | 54 | トリプレット | 60, 135 |
| セリン | 40 | デオキシシチジン | 54 | トレオース | 15 |
| セルラーゼ | 24 | デオキシリボース | 10, 18 | トレオニン | 40 |
| セルロース | 10, 24 | 2-デオキシ-D-リボース | 54 | トレーサー実験 | 119 |
| セレクチン | 26 | デオキシリボ核酸 | 59 | トレハロース | 21 |
| セロビオース | 21 | デオキシリボヌクレオシド三リン酸 | | **な** | |
| 旋光度 | 13 | （dNTP） | 131 | | |
| セントラルドグマ | 135 | デカルボキシレーティング | 87 | ナイアシン | 68 |
| 創発 | 140 | 2,3,7,8-テトラクロロジベンゾ-$p$-ジオ | | ——アミド | 68 |
| 促進輸送 | 34 | キシン | 91 | ニコチン酸 | 68 |
| 疎水性相互作用 | 46 | テトラヒドロ葉酸 | 126 | ——アミド | 68 |
| ゾル | 29 | デヒドロアスコルビン酸 | 48 | 二次輸送 | 35 |
| D-ソルビトール | 20 | テルペノイド | 38 | ニトロゲナーゼ | 117 |
| | | 転移 | 49 | 乳化 | 29 |
| **た** | | 電位依存性 $Na^+$ チャネル | 35 | 乳酸 | 70, 96 |
| ダイオキシン類 | 91 | 電解質 | 5 | ——発酵 | 73 |
| 代謝 | 62 | 電気陰性度 | 3 | 尿酸 | 127 |
| ターゲッティング | 139 | 電気泳動 | 45 | 尿素サイクル | 120 |
| 脱アミノ | 121 | 電子伝達系 | 82 | ヌクレオシド | 54 |
| 脱離 | 49 | 転写 | 135 | ヌクレオチド | 54 |
| 多糖類 | 10 | 電離度 | 5 | ——ジホスフェートキナーゼ | 80 |
| タロース | 15 | 伝令 RNA | 136 | ——ポリマー | 60 |
| 単純輸送 | 34 | 糖暗号 | 26 | 能動輸送 | 34 |
| 担体 | 34 | 投影式 | 13 | 濃度勾配 | 82 |
| 単糖類 | 10 | 同化系 | 62 | L-ノルアドレナリン | 43 |
| タンパク質 | 44 | 透視式 | 13 | | |
| チアミン | 71 | 糖脂質 | 26 | **は** | |
| ——ピロリン酸 | 71, 77 | 糖新生 | 96 | バイオインフォマティクス | 135 |
| チオール基 | 67 | 糖タンパク質 | 26 | パスツール効果 | 76 |
| チオグルコシダーゼ | 37 | 等電点 | 42, 45 | 発酵 | 62 |
| 窒素固定 | 117 | 糖ヌクレオチド | 99 | バリン | 40 |
| 窒素同化 | 117 | 特異性定数 | 51 | パルミチン酸 | 30, 95, 114 |
| チミジル酸 | 55 | ドコサヘキサエン酸 | 30 | パルミトイル CoA | 95 |
| チミジン | 54 | ドコサペンタエン酸 | 30 | パントテン酸 | 77 |
| チミン | 55 | L-ドーパ | 43 | 半保存的複製 | 132 |

| | |
|---|---|
| ヒアルロン酸 | 25 |
| 火落ち菌 | 74 |
| ビオチン | 97, 112 |
| 光非依存反応 | 105 |
| 非還元末端 | 53 |
| ヒスタミン | 43 |
| ヒスチジン | 41 |
| 1,3-ビスホスホグリセリン酸 | 67 |
| ビタミン | 33 |
| ——A | 107 |
| ——$B_1$ | 71 |
| ——$B_2$ | 78 |
| ——$B_6$ | 120 |
| ——$B_{12}$ | 129 |
| ——C | 47 |
| ——D | 140 |
| ——E | 32 |
| ——K | 33 |
| 必須アミノ酸 | 40 |
| 必須脂肪酸 | 30 |
| 非電荷体 | 43 |
| 3-ヒドロキシアシル ACP | 113 |
| ——デヒドラターゼ | 113 |
| L-3-ヒドロキシアシル CoA | 93 |
| ——デヒドロゲナーゼ | 94 |
| ヒドロキシプロリン | 47 |
| ヒドロキシメチル基 | 70 |
| 3-ヒドロキシ酪酸 | 103 |
| ヒドロキシラジカル | 85 |
| ヒドロキシリシン | 47 |
| ヒポキサンチン | 56 |
| ピラン | 16 |
| ピリドキサルリン酸 | 119 |
| ピリミジン | 55 |
| ピルベートオルトホスフェートジキナーゼ | 110 |
| ピルベートカルボキシラーゼ | 97 |
| ピルベートキナーゼ | 70 |
| ピルベートデカルボキシラーゼ | 71 |
| ピルベートデヒドロゲナーゼ | 77 |
| ファーストメッセンジャー | 58 |
| フィードバック制御 | 64 |
| フィッシャー投影式 | 13 |
| フィロキノン | 33 |
| フェニルアラニン | 40 |
| フェニルアラニンヒドロキシラーゼ | 52 |
| フェニルケトン尿症 | 52 |
| フェニルピルビン酸 | 52 |
| フェレドキシン | 106 |
| 複合脂質 | 26 |
| 複製開始点 | 132 |
| 不斉炭素 | 11 |
| ブチリル ACP | 113 |
| プトレシン | 43 |
| 不飽和脂肪酸 | 30 |
| フマラーゼ | 81 |
| フマル酸 | 80 |
| フマレートヒドラターゼ | 81 |
| プライマー | 133 |
| フラン | 16 |
| プリン | 55 |
| 5-フルオロウラシル | 60, 129 |
| フルクトース | 10 |
| ——1,6-ビスホスファターゼ | 98 |
| ——1,6-ビスリン酸 | 65 |
| ——2,6-ビスリン酸 | 102 |
| ——6-リン酸 | 19, 65 |
| フルクトフラノース | 17 |
| プロテアーゼ | 47 |
| プロテオーム | 135 |
| プロテオグリカン | 26 |
| プロトンポンプ | 35 |
| プロリン | 40 |
| 分解系 | 62 |
| 分子シャペロン | 48 |
| 分子内酸化還元 | 70 |
| 平衡定数 | 5 |
| ベース | 132 |
| ヘキソキナーゼ | 62 |
| ヘキソース-リン酸経路 | 90 |
| ペクチン | 25 |
| ——酸 | 25 |
| ペプチジルトランスフェラーゼ | 139 |
| ペプチド結合 | 44 |
| ペプチド鎖の折りたたみ | 47 |
| ヘミアセタール | 16 |
| ペルオキシソーム | 76, 83 |
| ベンケイソウ型有機酸代謝 | 111 |
| ペンタ-$O$-アセチル-$\alpha$-D-グルコース | 19 |
| ペントースリン酸経路 | 86 |
| ペントースリン酸サイクル | 90 |
| 放射性同位体 | 119 |
| 飽和脂肪酸 | 30 |
| 補欠分子族 | 77 |
| 補酵素 | 77 |
| 補酵素 A | 77 |
| ホスファチジルエタノールアミン | 34 |
| ホスファチジルコリン | 34 |
| ホスファチジルセリン | 34 |
| 5′-ホスホ-$\alpha$-D-リボシル二リン酸 | 125 |
| ホスホエノールピルビン酸 | 69 |
| ホスホエノールピルベートカルボキシキナーゼ | 97 |
| ホスホグリコール酸 | 111 |
| 2-ホスホグリセリン酸 | 69 |
| 3-ホスホグリセリン酸 | 69 |
| ホスホグリセレートキナーゼ | 69 |
| ホスホグリセロムターゼ | 69 |
| 6-ホスホグルコネートデヒドロゲナーゼ | 87 |
| 6-ホスホグルコノ-$\delta$-ラクトン | 86 |
| 6-ホスホグルコノラクトナーゼ | 87 |
| ホスホグルコムターゼ | 99 |
| 6-ホスホグルコン酸 | 87 |
| ホスホグルコン酸経路 | 90 |
| ホスホパンテテイン | 114 |
| ホスホフルクトキナーゼ | 65 |
| ポリグルタミン酸 | 122 |
| ポリヌクレオチド鎖 | 59 |
| ポリペプチド | 44 |
| ポルフィリン | 106 |
| ホルミルテトラヒドロ葉酸 | 126 |
| 翻訳 | 135 |

## ま

| | |
|---|---|
| 膜間スペース | 82 |
| 膜受容体 | 35 |
| 膜輸送 | 34 |
| マトリックス | 81 |
| マルトース | 10, 20 |

| | | | | | |
|---|---|---|---|---|---|
| ——ホスフェートイソメラーゼ | 65 | **ら** | | D-リボース | 54 |
| マレートシンターゼ | 103 | ラウリン酸 | 30 | リボースホスフェートイソメラーゼ | 87 |
| マレートデヒドロゲナーゼ | 81 | ラクターゼ | 14 | リボ核酸 | 59 |
| マロニル CoA | 112 | ラクテートデヒドロゲナーゼ | 71 | リボザイム | 139 |
| D-マンニトール | 20 | ラクトース | 21 | リポ酸 | 77 |
| D-マンノース | 15 | ラクトン | 87 | リボソーム | 136 |
| ミカエリス定数 | 51 | ラセマーゼ | 13 | リボソーム RNA | 137 |
| ミカエリス-メンテンの式 | 51 | ラセミ化 | 13 | リポタンパク質 | 29 |
| ミクロソーム | 83 | リキソース | 15 | リボチミジン | 54 |
| 水の硬度 | 6 | 利己的遺伝子 | 142 | リボフラノース | 18 |
| 水分子 | 2 | リシン | 41 | リボフラビン | 78 |
| ミトコンドリア | 76, 81 | 立体特異性番号 | 29 | 両親媒性 | 29 |
| ミリスチン酸 | 30 | 立体配座 | 18 | 両性イオン | 42 |
| ミロシナーゼ | 37 | リノール酸 | 30 | L-リンゴ酸 | 80 |
| 明反応 | 105 | リパーゼ | 28 | リンゴ酸シャトル | 97 |
| メタボローム | 135 | D-リビトール | 20 | リン酸無水結合 | 56 |
| メチオニン | 40 | リブロース-1,5-ビスホスフェートカルボキシラーゼ/オキシゲナーゼ | | リン脂質 | 28 |
| メチオニンシンターゼ | 129 | | 108 | ルビスコ | 108 |
| メバロン酸 | 38 | リブロース1,5-ビスリン酸 | 108 | レグヘモグロビン | 117 |
| モジュラリティ | 140 | D-リブロース5-リン酸 | 87 | レシチン | 33 |
| モノヨード酢酸 | 73, 86 | D-リブロース5-リン酸 | 88 | レチノール | 107 |
| **や** | | リブロースホスフェートエピメラーゼ | 88 | 連結 | 49 |
| 葉酸 | 126 | | | ロイシン | 40 |
| ヨウ素デンプン反応 | 22 | リボース | 15, 18 | ろう | 28 |
| | | | | ロバストネス | 140 |

## 執筆者紹介

**平澤　栄次**（ひらさわ　えいじ）

1950年富山県生まれ．1973年富山大学文理学部卒業．1979年京都大学大学院農学研究科博士課程中退．同年大阪市立大学理学部助手，1995年同大学大学院理学研究科教授をへて，現在同大学名誉教授．理博．農博．専門は植物の有機栄養学．趣味は酒．

本文イラスト：平澤　楽

---

| 第1版　第1刷　1998年11月20日 |
| 第2版　第1刷　2014年11月30日 |
| 　　　　第10刷　2025年2月10日 |

検印廃止

JCOPY 〈出版者著作権管理機構委託出版物〉

本書の無断複写は著作権法上での例外を除き禁じられています．複写される場合は，そのつど事前に，出版者著作権管理機構（電話 03-5244-5088, FAX 03-5244-5089, e-mail: info@jcopy.or.jp）の許諾を得てください．

本書のコピー，スキャン，デジタル化などの無断複製は著作権法上での例外を除き禁じられています．本書を代行業者などの第三者に依頼してスキャンやデジタル化することは，たとえ個人や家庭内の利用でも著作権法違反です．

乱丁・落丁本は送料小社負担にてお取りかえします．

Printed in Japan　©E. Hirasawa　2014　　無断転載・複製を禁ず

## はじめての生化学【第2版】
### 生活のなぜ？を知るための基礎知識

著　者　平澤　栄次
発行者　曽根　良介
発行所　（株）化学同人

〒600-8074 京都市下京区仏光寺通柳馬場西入ル
編集部　Tel 075-352-3711　Fax 075-352-0371
企画販売部　Tel 075-352-3373　Fax 075-351-8301
振替 01010-7-5702

印　刷
製　本　　創栄図書印刷㈱

ISBN978-4-7598-1589-4

# ペントースリン酸経路

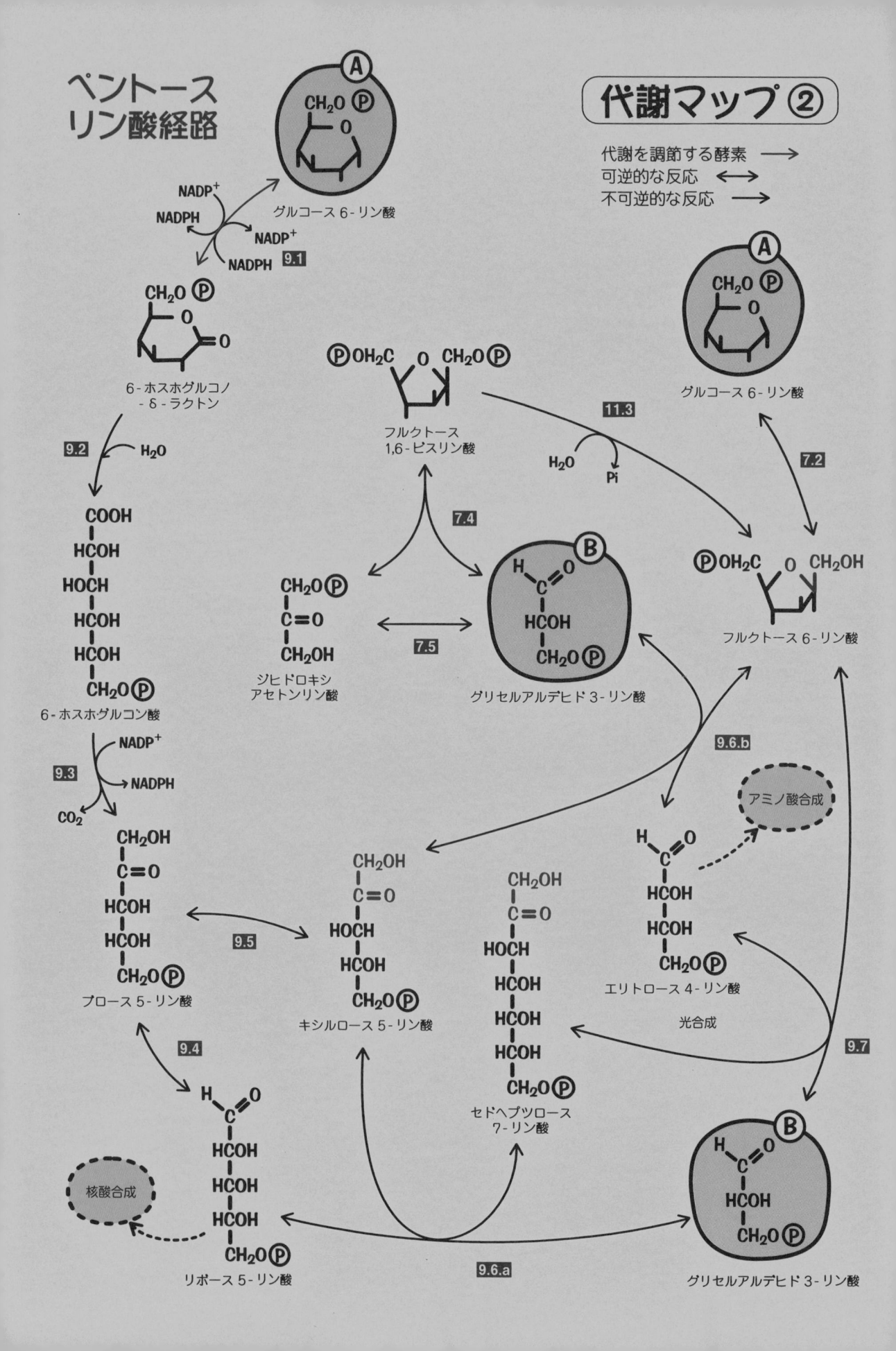

# 代謝マップ ②

代謝を調節する酵素 ⟶
可逆的な反応 ⟷
不可逆的な反応 ⟶

グルコース 6-リン酸 (Ⓐ)

6-ホスホグルコノ-δ-ラクトン

6-ホスホグルコン酸

リボース 5-リン酸

キシルロース 5-リン酸

セドヘプツロース 7-リン酸

エリトロース 4-リン酸

フルクトース 1,6-ビスリン酸

ジヒドロキシアセトンリン酸

グリセルアルデヒド 3-リン酸 (Ⓑ)

フルクトース 6-リン酸

核酸合成

アミノ酸合成

光合成

9.1, 9.2, 9.3, 9.4, 9.5, 9.6.a, 9.6.b, 9.7, 7.2, 7.4, 7.5, 11.3

# 代謝マップ③

## β酸化経路

10.2 以外の酵素は逆向きの反応も可能だがここでは省略した

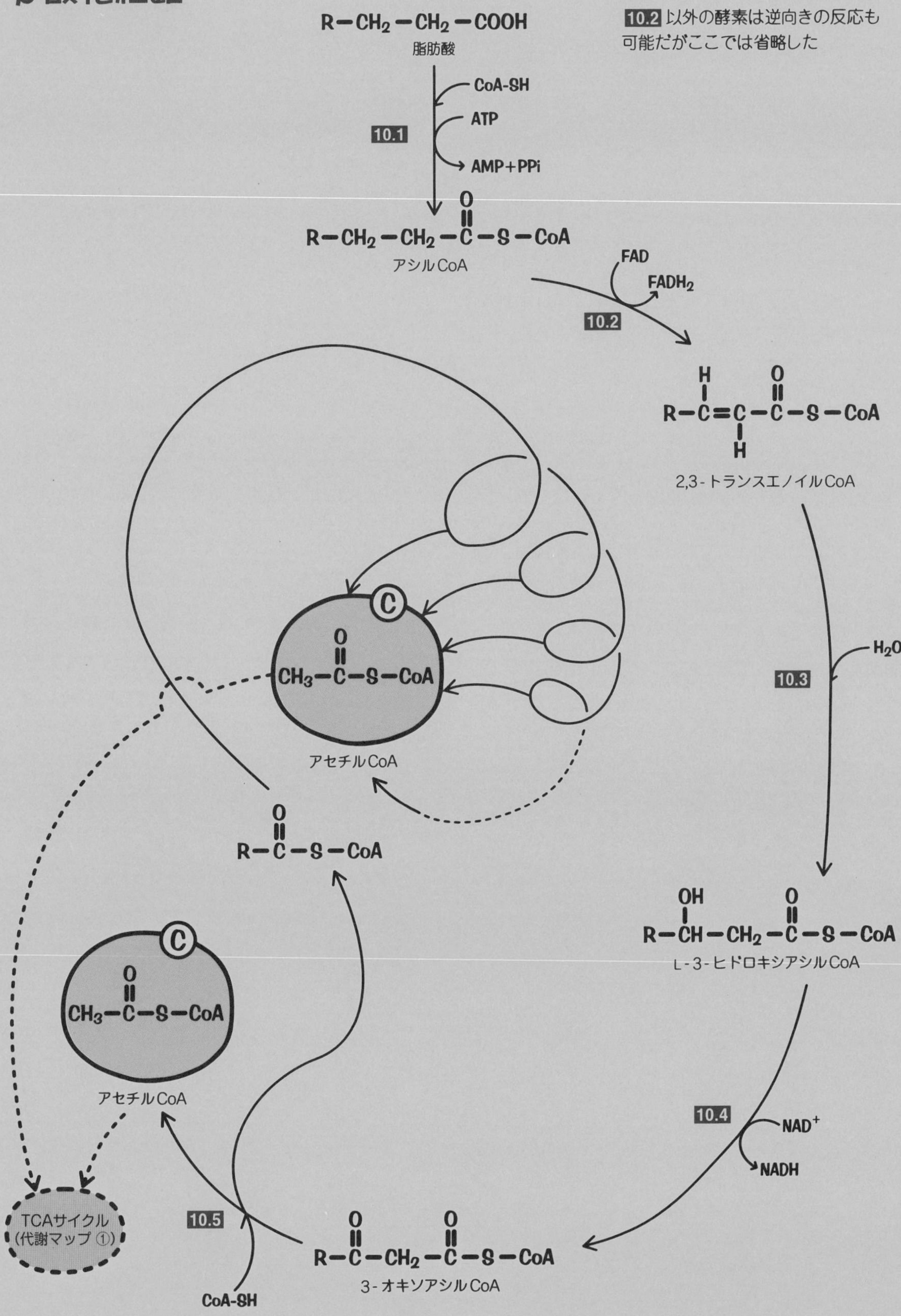

R−CH2−CH2−COOH
脂肪酸
CoA-SH
ATP
10.1
AMP+PPi
R−CH2−CH2−C(=O)−S−CoA
アシルCoA
FAD
FADH2
10.2
R−CH=CH−C(=O)−S−CoA
2,3-トランスエノイルCoA
H2O
10.3
R−CH(OH)−CH2−C(=O)−S−CoA
L-3-ヒドロキシアシルCoA
10.4
NAD+
NADH
R−C(=O)−CH2−C(=O)−S−CoA
3-オキソアシルCoA
10.5
CoA-SH
R−C(=O)−S−CoA
C
CH3−C(=O)−S−CoA
アセチルCoA
C
CH3−C(=O)−S−CoA
アセチルCoA
TCAサイクル
(代謝マップ①)